JN234711

電気磁気学

工学博士 石井 良博 著

コロナ社

まえがき

　電気磁気学の教科書はすでに数多くあり，優れたものも多い。しかし，数学的な基礎，特に微分・積分，ベクトル解析などを十分に習得していない初学者にとって，これらの数学的記述が電気磁気学を理解する障害になっていると思われる。微分・積分，ベクトルは，物理現象を簡潔明瞭に記述する非常に優れた表現法ではあるが，これらの数学的記述に慣れない人々を困惑に陥れ，記述されている内容，電気磁気学の法則までも難解であるかのように「錯覚」させてしまうおそれがある。

　本書は，電気磁気学の理論を，最初に初級の数学のみで記述することによって，理論の基本的なイメージを把握させ，つぎの段階（★印の節）で，そのイメージを拡張するように意図している。★印の部分を読み飛ばして前に進んでも一向に差し支えない。私の講義では，★印の部分を飛ばして9章まで進み，もう一度前に戻って★印の部分を講義した後で10章を教えている。

　本書は，初学者にも理解しやすく，さらに電子・電気工学を学ぶ基礎として十分なレベルにまで到達できるよう配慮したつもりである。なお，ベクトルポテンシャル，相対性理論および物性的な電磁気現象については割愛してある。これらについては，巻末の参考文献をご覧いただきたい。

　また，解説や法則の導出の多くを例題とすることにより，解説の終着点を読者にあらかじめ明らかにすることを心がけた。

　工業高等専門学校を対象に電気磁気学を講義してきた経験を基に，高専および大学向けのテキスト・参考書として本書の執筆を開始したが，思いばかりが溢れ，最初の意図が本書にどれほど反映されているのか気懸かりである。読者

のご批判を仰ぎたい。本書が，電気磁気学の入門書として活用していただければこのうえない幸せである。

　最後に，本書の執筆にあたり先輩各位の数多くの文献や資料を参考にさせていただいた。ここに厚くお礼申し上げる。また，出版に際してご尽力いただいたコロナ社をはじめ関係各位に深謝したい。

2000年8月

石井　良博

目　　　次

1章　電荷と力

1.1　電　　　荷 ……………………………………………………………… *1*
1.2　電荷に働く力 …………………………………………………………… *2*
演 習 問 題

2章　電界と電位

2.1　電界と電荷に働く力 …………………………………………………… *5*
2.2　複数の点電荷による電界 ……………………………………………… *6*
2.3　電 気 力 線 ……………………………………………………………… *9*
2.4　電気力線とガウスの定理 ……………………………………………… *11*
2.5　電 界 と 電 位 …………………………………………………………… *17*
2.6　点電荷のまわりの電位 ………………………………………………… *19*
2.7　帯電導体の電界と電位 ………………………………………………… *21*
2.8　静電しゃへい …………………………………………………………… *25*
2.9　電 気 影 像 法 …………………………………………………………… *26*
2.10　一様でない電界と電位（★）………………………………………… *29*
2.11　3次元空間で変化する電界と電位（★）…………………………… *32*
　　　　2.11.1　勾　　　　配 ……………………………………………… *32*

　　　　2.11.2　電位の傾きと電界 ……………………………………… *34*
　　　　2.11.3　電界の線積分と電位 ……………………………………… *36*
　2.12　ガウスの定理と発散（★） …………………………………………… *37*
　2.13　ラプラスおよびポアソンの方程式（★） …………………………… *41*
　演　習　問　題

3章　真空中の導体系と静電容量

　3.1　静　電　容　量 …………………………………………………………… *49*
　3.2　コンデンサの接続 ………………………………………………………… *52*
　　　　3.2.1　並　列　接　続 ……………………………………………… *52*
　　　　3.2.2　直　列　接　続 ……………………………………………… *52*
　3.3　コンデンサに蓄えられるエネルギー ………………………………… *53*
　3.4　静電容量の計算（★） …………………………………………………… *55*
　3.5　電　位　係　数 …………………………………………………………… *57*
　3.6　容量係数と誘導係数 ……………………………………………………… *58*
　演　習　問　題

4章　誘　電　体

　4.1　誘電体と誘電率 …………………………………………………………… *62*
　4.2　電気双極子と分極 ………………………………………………………… *63*
　4.3　分極と電束密度 …………………………………………………………… *65*
　4.4　誘電体の境界面における電界および電束密度の条件 ……………… *69*
　4.5　静電エネルギー …………………………………………………………… *72*
　4.6　仮想変位法による力の計算（★） ……………………………………… *73*
　演　習　問　題

5章 電流

5.1 電流 …………………………………………………… 81
5.2 抵抗とオームの法則 …………………………………… 83
5.3 抵抗の接続 ……………………………………………… 83
    5.3.1 直列接続 …………………………………………… 83
    5.3.2 並列接続 …………………………………………… 84
5.4 ジュール熱 ……………………………………………… 85
5.5 起電力 …………………………………………………… 86
5.6 キルヒホッフの法則 …………………………………… 87
5.7 抵抗率と導電率 ………………………………………… 88
5.8 電流密度とキャリヤ …………………………………… 89
5.9 抵抗の温度係数 ………………………………………… 91
5.10 電流密度が一様でない場合の抵抗（★）…………… 92
5.11 電荷の連続式（★）…………………………………… 93
演習問題

6章 磁性体と磁界

6.1 磁極と磁界 ……………………………………………… 97
6.2 磁気モーメント ………………………………………… 101
6.3 磁性体と磁化 …………………………………………… 102
6.4 磁束密度と磁化，および透磁率と磁化率の関係 …… 105
6.5 自己減磁と反磁界 ……………………………………… 106
6.6 強磁性体の磁化 ………………………………………… 108
6.7 磁気におけるガウスの定理と発散（★）…………… 110
演習問題

7章 電流と磁界

- 7.1 右ねじの法則 ……………………………………………… *112*
- 7.2 アンペアの周回積分の法則 ……………………………… *113*
- 7.3 ビオ・サバールの法則 …………………………………… *118*
- 7.4 有限直線電流による磁界（★）………………………… *121*
- 7.5 磁気回路 …………………………………………………… *123*
- 7.6 磁束密度が一定でない場合の磁束の計算（★）……… *127*
- 演習問題

8章 電磁力と電磁誘導

- 8.1 磁界中の電流に作用する力 ……………………………… *131*
- 8.2 磁界中の荷電粒子に作用する力 ………………………… *135*
- 8.3 電磁誘導（★）…………………………………………… *137*
- 8.4 渦電流（★）……………………………………………… *142*
- 8.5 表皮効果（★）…………………………………………… *144*
- 演習問題

9章 インダクタンスと静磁エネルギー（★）

- 9.1 自己誘導と自己インダクタンス ………………………… *150*
- 9.2 相互誘導と相互インダクタンス ………………………… *151*
- 9.3 インダクタンスの接続 …………………………………… *153*
- 9.4 静磁エネルギー …………………………………………… *155*
- 9.5 静磁エネルギーと力 ……………………………………… *159*
- 9.6 インダクタンスの計算 …………………………………… *161*

演習問題

10章 電磁波（★）

10.1 変位電流 ……………………………………………… *168*
10.2 マクスウェルの方程式 ………………………………… *172*
    10.2.1 アンペアの周回積分の法則と第1電磁方程式 ……… *173*
    10.2.2 ファラデーの電磁誘導の法則と第2電磁方程式 …… *177*
10.3 波動方程式と電磁波 …………………………………… *179*
    10.3.1 マクスウェルの方程式と波動方程式 ……………… *179*
    10.3.2 平面電磁波 …………………………………………… *180*
10.4 ポインティングベクトル ……………………………… *182*
演習問題

11章 特殊な電磁現象

11.1 接触電気 ………………………………………………… *187*
11.2 熱起電力 ………………………………………………… *188*
11.3 ペルチエ効果 …………………………………………… *188*
11.4 トムソン効果 …………………………………………… *189*
11.5 圧電気 …………………………………………………… *189*
11.6 焦電気 …………………………………………………… *189*

付表

おもな物理定数 ………………………………………………… *190*
よく使われる単位の接頭記号 ………………………………… *190*
電気磁気に関するおもな単位 ………………………………… *191*

参考文献 …………………………………………………………… *192*
演習問題解答 ………………………………………………………… *193*
索　　引 ……………………………………………………………… *210*

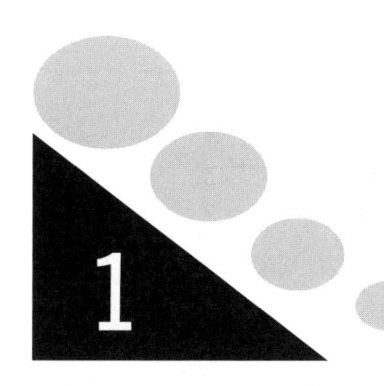

1 電荷と力

1.1 電荷

　図1.1のように，プラスチックの板などで頭髪をこすると，プラスチックの板に髪が吸い寄せられる摩擦電気については，日常経験していることである。このとき，激しくこするほど，吸い寄せられる髪の毛が多くなる。この理由は，頭を激しくこすることによって，髪の毛とプラスチックの板に，それぞれ，たくさんのプラス(正)とマイナス(負)の**電気**がたまった（**帯電した**）からと考えられる。この，たまった**電気の量**を，電気工学の専門用語で**電荷** (electric charge) という。電荷には，つぎの基本的な性質がある。

図1.1　摩擦電気

電荷の性質
（1）　電荷には正(＋)と負(－)の2種類がある。
（2）　正と負の電荷の間には引力が働くが，同種類の電荷はたがいに反発する（図1.2参照）。

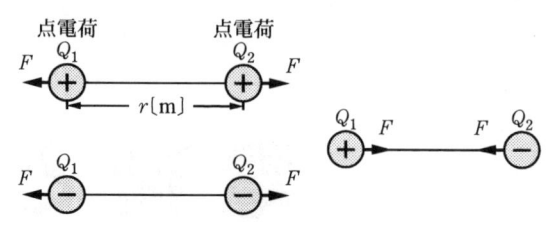

(a) 反発力　Q_1, Q_2 同符号　　(b) 引力　Q_1, Q_2 異符号

図1.2　点電荷の間に働く力（クーロン力）

(3) 電荷は，エネルギーと同様に保存量であり，生成したり消滅することはないが，正負の電荷が合わさると，たがいに打ち消し合って消滅したように見える。

(4) 電荷の量（大きさ）は，**クーロン**〔C〕(Coulomb) という単位を用いて表す。

【例題 1.1】　陽子1個の電荷は 1.6×10^{-19} C である。1Cの電荷は，陽子の何個分に相当するか。

解答　1Cの電荷を陽子の電荷の大きさで割ることにより得られる。

$$N = \frac{1}{1.6 \times 10^{-19}} = 6.25 \times 10^{18} \text{ 個} \tag{1.1}$$

1.2　電荷に働く力

図(a)のように，点と見なせるような微小な電荷（点電荷）Q_1, Q_2〔C〕が，真空中に r〔m〕の距離で置かれているとき，両電荷の間にはつぎのような力が働く。

----- クーロンの法則 -----

$$F = \frac{Q_1 Q_2}{4\pi\varepsilon_0 r^2} = 9 \times 10^9 \frac{Q_1 Q_2}{r^2} \quad [\text{N}] \tag{1.2}$$

この関係式を**クーロンの法則**（Coulomb's law）といい，この力を**クーロン力**（Coulomb force）または**静電力**（electric force）という。

ここで，$\varepsilon_0 = 8.85 \times 10^{-12}$ F/m は**真空の誘電率**である。誘電率については4章で詳しく述べる。このように，クーロン力は電荷の積に比例し，距離の2乗に反比例する。そして，図(a)に示すように Q_1 と Q_2 が同じ符号であれば，F は正で反発力となり，反対の符号であれば F は負で引力となる（図(b)）。

【例題 1.2】　水素原子では，図1.3に示すように陽子を中心とする半径 5.29×10^{-11} m の円軌道を描いて，電子が回転している。陽子と電子の間の引力を計算せよ。ただし，陽子と電子の電荷は，それぞれ $+1.6 \times 10^{-19}$ C，-1.6×10^{-19} C である。

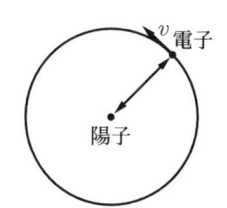

図1.3　水素原子

解答　式(1.2)から，式(1.3)となることがわかる。

$$F = 9 \times 10^9 \times \frac{(1.6 \times 10^{-19})^2}{(5.29 \times 10^{-11})^2} = 8.23 \times 10^{-8} \ [\text{N}] \tag{1.3}$$

【例題 1.3】　辺の長さが a [m] の正三角形の頂点に同じ大きさの電荷 Q [C] が置かれているとき，電荷に働く力を計算せよ。

解答　図1.4のように，1個の電荷は，他の2個の電荷から方向の異なる力を受ける。これらの力を，大きさと方向の両者を考えて合成する。最初に，1個の電荷から受ける力 f は

$$f = \frac{Q^2}{4\pi\varepsilon_0 a^2} \ [\text{N}] \tag{1.4}$$

である。2個の電荷から受ける力を合成した力は，三角形の相似の関係から

$$F = \sqrt{3} f = \frac{\sqrt{3}\, Q^2}{4\pi\varepsilon_0 a^2} \quad [\text{N}] \tag{1.5}$$

となる。

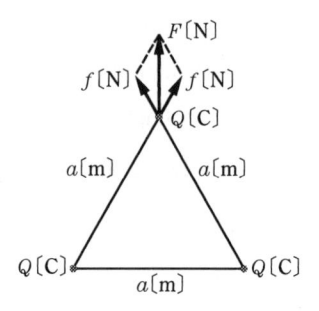

図1.4 正三角形の頂点に置かれた電荷に働く力

演習問題

【問 1.1】 5.0×10^{-8} C の正電荷を持った粒子 A のそばに，別な粒子 B を近付けたところ，2粒子の距離が1cmのとき 0.90 N の引力が働いた。粒子 B の電荷の大きさを計算せよ。

【問 1.2】 $Q_1, Q_2, -Q_3$ [C] の点電荷が，直線上に位置しているとき，Q_2 の電荷に働く力を計算せよ。ただし，Q_1 から Q_2 に向かう力の向きを正とせよ。Q_1 と Q_2 の間隔および Q_2 と $-Q_3$ の間隔を，それぞれ a, b [m] とする。

【問 1.3】 $Q_1 = 9\times10^{-6}$ C と $Q_2 = 1.6\times10^{-5}$ C の電荷が 14 cm 離れて置かれている。Q_1 の電荷から Q_2 の電荷に向かって x [m] の距離の位置に電荷 q [C] を置いた。

(1) 電荷 q に働く力を計算せよ。

(2) 電荷 q に働く力が0になる x の値を計算せよ。

【問 1.4】 斜辺の長さが2mの直角二等辺三角形がある。斜辺の両端に，同じ大きさで符号の異なる電荷 1×10^{-6} C に帯電した粒子が置かれている。直角の頂点に 2×10^{-6} C の電荷を置いたとき，この電荷に働く力の大きさと方向を計算せよ。

【問 1.5】 1辺の長さが a [m] の正方形の各頂点に Q [C] の電荷を置いたとき，それぞれの電荷に働く力を計算せよ。

2 電界と電位

:::::::::::::::::::::::::::::::: **2.1 電界と電荷に働く力** :::::

　前章では，電荷の間に直接力が働くと考えたが，この章では，電荷に働く力を**電界**（electric field）という概念を導入して考え，さらに電界の性質について議論する。すなわち，図2.1に示すように，電荷 Q のそばに置かれた電荷 q が力を受けるのは，電荷 q の場所に電界というものが作られていて，その電界から力を受けると考える。そして，その電界を作っているのは電荷 Q である。このことをまとめると，つぎのようになる。

> 電荷 Q →電荷 Q のまわりに電界が作られる→電荷 q は電界から力を受ける

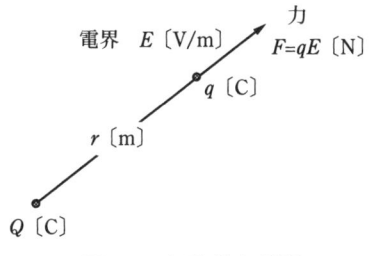

電界　E 〔V/m〕
力　$F=qE$ 〔N〕
q 〔C〕
r 〔m〕
Q 〔C〕

図2.1　点電荷と電界

　最初は，わざわざ面倒なことをしているように感じられるが，電界を考えることによって電荷に働くいろいろな力を容易に計算できることが次節以降に見

2. 電界と電位

られる。そして，章を追うごとに電界が実在することをしだいに理解し，電界が「見える」ようになってくるであろう。

---- 電界の大きさと方向の定義 ----

真空中に置かれた電荷 q [C] に F [N] の力が働くとき，電荷 q の置かれた場所の電界の強さ（大きさ）E [V/m] は式(2.1)のように定義される。

$$F = qE \quad [\text{N}] \tag{2.1}$$

電界は力と同様にベクトル量である。電荷 q が正であれば力と電界の方向は等しく，負であれば力と電界の方向は反対である。電界の単位は，式(2.1)からは [N/C] となるが，一般的には [V/m] を用いる[†]。

図2.1のような2個の点電荷 Q，q [C] の間に働く力は，クーロンの法則により

$$F = \frac{Qq}{4\pi\varepsilon_0 r^2} \quad [\text{N}] \tag{2.2}$$

であるので，式(2.1)と式(2.2)を比較することにより，点電荷 Q のまわりの電界は

$$E = \frac{Q}{4\pi\varepsilon_0 r^2} \quad [\text{V/m}] \tag{2.3}$$

で，電荷の大きさ Q に比例し，点電荷からの距離 r の2乗に反比例することがわかる。電荷 Q が正のとき，電界の方向は点電荷から遠ざかる方向，Q が負のときの電界の方向は，点電荷に向かう方向である。

2.2 複数の点電荷による電界

電気磁気学では多くの場合，**重ねの理**（principle of superposition）が成り立つ。すなわち，原因となるもの（電荷）が複数個ある場合には，それぞれの結果（電界）を重ね合わせることによって，全体の結果が得られる。電界の場

[†] 電界の単位が [V/m] になる理由については，2.5節でわかる。

合にも重ねの理が適用できて，点電荷が複数個ある場合にはそれぞれの電荷によって作られる電界を重ね合わせればよい。

【例題 2.1】 図 2.2 に示すように，点電荷 Q_1，Q_2 [C] が間隔 d [m] で置かれているとき，Q_1 からの距離が x [m] の点の電界を計算せよ。

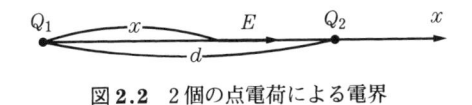

図 2.2 2個の点電荷による電界

解答 電界が右向きのときの値を正とする。最初に，Q_1 と Q_2 の間 ($0<x<d$) の電界は，Q_1 による電界（右向き）と Q_2 による電界（左向き）が反対向きなので，合成した電界は両者の差となる。

$$E=\frac{Q_1}{4\pi\varepsilon_0 x^2}-\frac{Q_2}{4\pi\varepsilon_0(d-x)^2}=\frac{1}{4\pi\varepsilon_0}\left(\frac{Q_1}{x^2}-\frac{Q_2}{(d-x)^2}\right) \text{ [V/m]} \quad (2.4)$$

$x>d$ のときは，Q_1，Q_2 による電界が両者とも右向きなので，和となる。

$$E=\frac{Q_1}{4\pi\varepsilon_0 x^2}+\frac{Q_2}{4\pi\varepsilon_0(x-d)^2}=\frac{1}{4\pi\varepsilon_0}\left(\frac{Q_1}{x^2}+\frac{Q_2}{(x-d)^2}\right) \text{ [V/m]} \quad (2.5)$$

そして，$x<0$ のときは，Q_1，Q_2 による電界が両者とも左向きなので，式 (2.6) のようになる。

$$E=-\frac{Q_1}{4\pi\varepsilon_0 x^2}-\frac{Q_2}{4\pi\varepsilon_0(d+x)^2}=\frac{-1}{4\pi\varepsilon_0}\left(\frac{Q_1}{x^2}+\frac{Q_2}{(d+x)^2}\right) \text{ [V/m]} \quad (2.6)$$

【例題 2.2】 図 2.3 に示すように，点電荷 Q，$-Q$ [C] が間隔 $2a$ [m] で置かれているとき，Q，$-Q$ を結ぶ線分の垂直 2 等分線上の x [m] の点の電界を計算せよ。

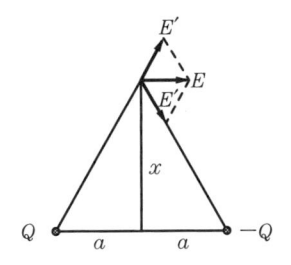

図 2.3 2個の点電荷による電界

8　2. 電　界　と　電　位

[解答] Q による電界は

$$E' = \frac{Q}{4\pi\varepsilon_0(x^2+a^2)} \quad [\text{V/m}] \tag{2.7}$$

である。また，$-Q$ による電界も方向は異なるが，大きさは式(2.7)で与えられる E' である。したがって，三角形の相似の関係を用いて，二つの E' を合成すると，Q, $-Q$ による電界 E は式(2.8)のようになる。

$$E = \frac{2a}{\sqrt{x^2+a^2}} E' = \frac{2aQ}{4\pi\varepsilon_0(x^2+a^2)^{3/2}} \quad [\text{V/m}] \tag{2.8}$$

【例題 2.3】 電荷 Q [C] に帯電した半径 a [m] のリングがあるとき，リングの中心軸上で，リングの中心から z [m] 離れた点 P の電界を計算せよ。

[解答] 図 2.4 のようにリングを m 等分し，その中の一つの微小部分（長さ $\Delta s = 2\pi a/m$ [m]，電荷 Q/m [C]）が点 P に作る電界は，式(2.9)で表される。

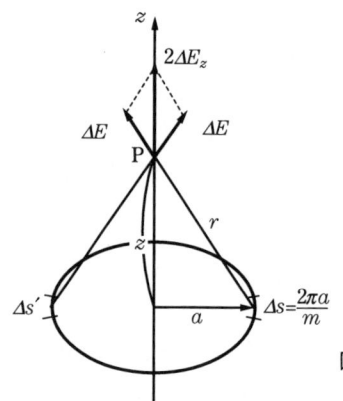

図 2.4　リング状電荷による電界

$$\Delta E = \frac{\dfrac{Q}{m}}{4\pi\varepsilon_0(a^2+z^2)} \quad [\text{V/m}] \tag{2.9}$$

しかし，リングの反対側に同じ長さの微小部分 $\Delta s'$ を考え，二つの微小部分の電界を合成すると，電界の z 軸と垂直な成分はたがいに打ち消しあって，残るのは z 軸と平行な成分 ΔE_z だけである。したがって，ΔE_z をすべて加え合わせることにより，リングが点 P に作る電界 E を得ることができる。

$$E = m\varDelta E_z = m\frac{z}{\sqrt{a^2+z^2}}\varDelta E = \frac{Qz}{4\pi\varepsilon_0(a^2+z^2)^{3/2}} \quad [\text{V/m}] \tag{2.10}$$

【例題 2.4 ★】 電荷 Q [C] で一様に帯電した半径 a [m] の円板があるとき，円板の中心軸上で，円板の中心から z [m] 離れた点 P の電界を計算せよ。

[解答] 図 2.5 に示すような，半径 r，幅 dr の帯を考える。その微小部分が点 P に作る電界 dE は，式 (2.10) の Q を $\sigma \times 2\pi r dr$（$\sigma = Q/\pi a^2$ [C/m^2] は電荷密度）と置き換えることにより得られる。これを r について 0 から a まで積分することにより，円板全体による電界が得られる。

$$E = \int_0^a \frac{\sigma \times 2\pi r dr \times z}{4\pi\varepsilon_0(r^2+z^2)^{3/2}} = \frac{\sigma}{2\varepsilon_0}\left(1 - \frac{z}{\sqrt{a^2+z^2}}\right)$$

$$= \frac{Q}{2\pi a^2 \varepsilon_0}\left(1 - \frac{z}{\sqrt{a^2+z^2}}\right) \quad [\text{V/m}] \tag{2.11}$$

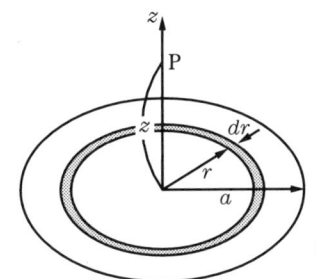

図 2.5　円板状電荷による電界

2.3　電　気　力　線

電気力線（lines of force）は目に見えない電界を図に表すのに便利であるばかりではなく，いろいろな場合の電界を計算するのに欠かせない概念である。電気力線にはつぎのような性質がある。

---- 電気力線の性質 ----

（1）電気力線上の点における接線の方向が電界の方向である（図 2.6 (a)）。

10　　2. 電界と電位

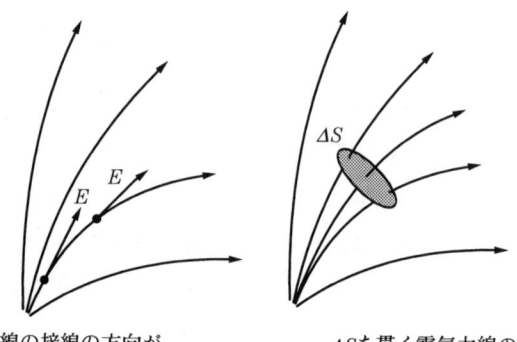

(a) 電気力線の接線の方向が
その点における電界の方向

(b) $\dfrac{\Delta S を貫く電気力線の本数}{\Delta S}$
= 電界の強さ

図 2.6　電気力線と電界

(2) 電気力線は正電荷に始まり，負電荷に終わる。電荷の存在しないところで電気力線が発生したり，消滅することはない。
(3) 電気力線は交わらない。
(4) 電気力線の密度（電気力線と垂直な面における，1 m² 当りの電気力線の本数）は，電界の大きさを表す（図(b)）。
(5) 真空中の1Cの正電荷から，電気力線は $1/\varepsilon_0$ 本発生する[†]。

図 2.7 に，点電荷のまわりの電界を電気力線で表す。正(負)電荷から放射状に電気力線が出て（入って）おり，点電荷に近いほど電気力線が密である，すなわち電界が強いことを示している。また，上にあげた電気力線の性質を用いると，2個の電荷による電界の概略を描くことができる（図(c), (d)）。

---

† 真空でない場合については 4.3 節で議論する。

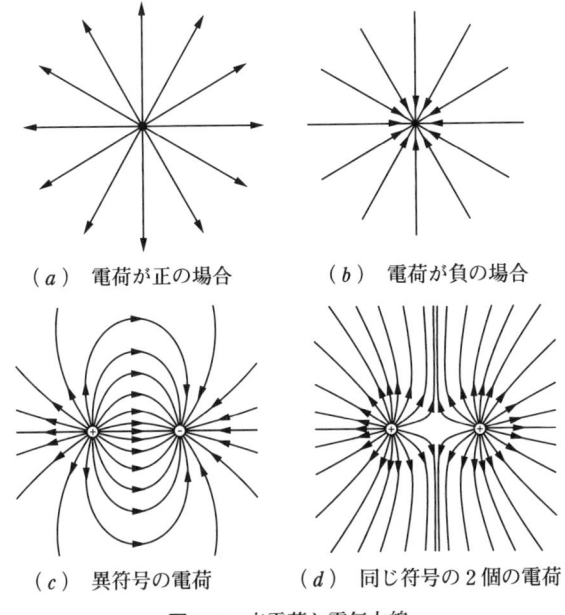

(a) 電荷が正の場合　　(b) 電荷が負の場合

(c) 異符号の電荷　　(d) 同じ符号の2個の電荷

図2.7　点電荷と電気力線

2.4　電気力線とガウスの定理

　ガウス（Gauss）の定理を用いることにより，多くの場合の電界を簡単に計算することができる。ガウスの定理を電気力線に適応すると，つぎのようになる。

---- ガウスの定理 ----
　ある任意の閉曲面から外に出る電気力線の数は，その閉曲面の中の電荷の総和の $1/\varepsilon_0$ 倍に等しい。

　図2.8に示すように，閉曲面の外にある電荷からの電気力線は，閉曲面に入る数(−)と出る数(+)が打ち消し合って無関係となる。結局，ガウスの定理を用いるときは，閉曲面の中の電荷だけを考え，閉曲面の外にある電荷についてはまったく考慮する必要がない。

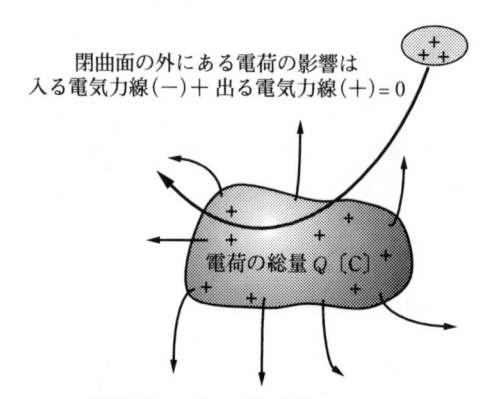

12   2. 電界と電位

閉曲面の外にある電荷の影響は
入る電気力線(−)＋出る電気力線(＋)＝0

電荷の総量 Q [C]

閉曲面から出る電気力線の数 $= Q/\varepsilon_0$

図2.8　ガウスの定理

このガウスの定理を用いて，いろいろな形に電荷が分布している場合の電界を計算してみよう。

【例題 2.5】　半径 a [m] の球の表面に電荷 Q [C] が一様に分布しているとき，この球の中心から r [m] 離れた点の電界を計算せよ。

解答　球の中と外に分けて考える。最初に，半径 a の球の外に，図2.9のような半径 r の球を考える。ガウスの定理より，この半径 r の球面を貫いて出てくる電気力線の本数は Q/ε_0 本である。そして，電気力線の密度は一様

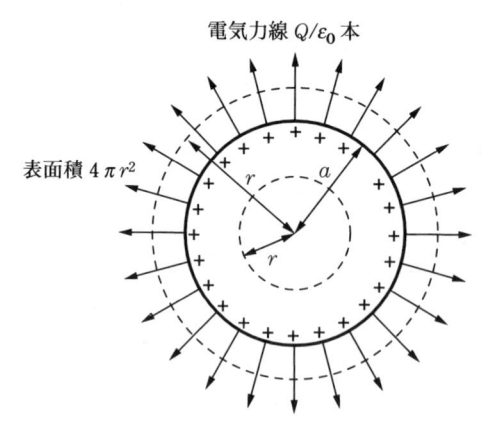

電気力線 Q/ε_0 本

表面積 $4\pi r^2$

図2.9　球の表面に電荷が分布している場合の電界

であるから，1 m² 当りの電気力線の本数（すなわち，電界の大きさ）は

$$E = \frac{電気力線の本数}{半径\,r\,の球の表面積} = \frac{\dfrac{Q}{\varepsilon_0}}{4\pi r^2} = \frac{Q}{4\pi\varepsilon_0 r^2} \quad \text{[V/m]} \tag{2.12}$$

となり，点電荷の電界である式(2.3)とまったく同じであることがわかる。

つぎに球の中を考える。球の中に図のような半径 r の球を考える。この球の中には電荷がないので，この球面を貫いて出てくる電気力線はない。したがって，半径 a の球の内側では，$E=0$ [V/m] である。半径 r の球の外側に電荷 Q があるが，外側の電荷は内側の電界に影響しない。

【例題 2.6】 半径 a [m] の球の中に電荷 Q [C] が一様に分布しているとき，この球の中心から r [m] 離れた点の電界を計算せよ。

[解答] 球の外側では，前の例題と同様に，図 2.10 のような半径 r の球を考えると，式(2.3)と同じ結果が得られる。

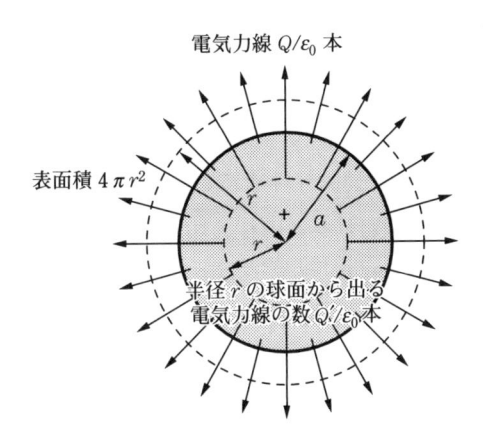

図 2.10 球の中に電荷が分布している場合の電界

つぎに球の中を考える。球の中に図のような半径 r の球を考える。この半径 r の球面を貫いて出てくる電気力線は，半径 r の球の中の電荷 Q' によるものである。Q' を計算するために，半径 a の球の中の**電荷密度**† （1 m³ 当り

---
† よく現れる電荷密度には，単位体積当りの電荷密度 ρ [C/m³] と，単位面積当りの電荷密度 σ [C/m²] がある。

の電荷量）を計算する。

$$\rho = \frac{Q}{\frac{4\pi a^3}{3}} \quad [\text{C/m}^3] \tag{2.13}$$

Q' は，ρ に半径 r の球の体積をかけることによって得られる。

$$Q' = \rho \times \frac{4\pi r^3}{3} = \frac{Q}{\frac{4\pi a^3}{3}} \times \frac{4\pi r^3}{3} = Q\left(\frac{r^3}{a^3}\right) \quad [\text{C}] \tag{2.14}$$

結局，電界すなわち電気力線の密度は式(2.15)のようになる。

$$E = \frac{\frac{Q'}{\varepsilon_0}}{4\pi r^2} = \frac{Q\left(\frac{r^3}{a^3}\right)}{4\pi \varepsilon_0 r^2} = \frac{Qr}{4\pi \varepsilon_0 a^3} \quad [\text{V/m}] \tag{2.15}$$

点電荷および例題 2.5，2.6 のような球状に電荷が分布している場合は，いずれも電界は**半径 r の球の中の電荷がすべて中心に集まったときの電界**と等しい。このことは，電荷が球対称に分布（電荷密度が中心からの距離のみによって変化）している場合はつねに成り立つ。

【例題 2.7】　1m 当りの電荷が Q [C/m] で帯電している無限に長い糸から r [m] 離れた点の電界を計算せよ。

［解　答］　今度は図 2.11(*a*) に示すように，糸を中心軸とする長さ 1m，半径 r の円柱を考える。電気力線は円柱の中心軸と垂直なので，円柱の側面（面積 $2\pi r$ [m^2]）のみから出る。電気力線の本数は，半径 r，長さ 1m の円柱の中の電荷 Q [C] を $1/\varepsilon_0$ 倍して得られるので，式(2.16)となる。

$$E = \frac{\frac{Q}{\varepsilon_0}}{2\pi r} = \frac{Q}{2\pi \varepsilon_0 r} \quad [\text{V/m}] \tag{2.16}$$

つぎに，図(*b*)に示すような，半径 a [m] の無限に長い円柱の中に，電荷が一様に分布している場合の，この円柱の中心軸から r [m] 離れた点の電界を計算してみよう。

例題 2.7 と同様に，中心軸が共通の長さ 1m，半径 r の円柱を考える。円柱の外側（$r > a$）の電界は，式(2.16)で表されることがわかる。円柱の中の場

2.4 電気力線とガウスの定理

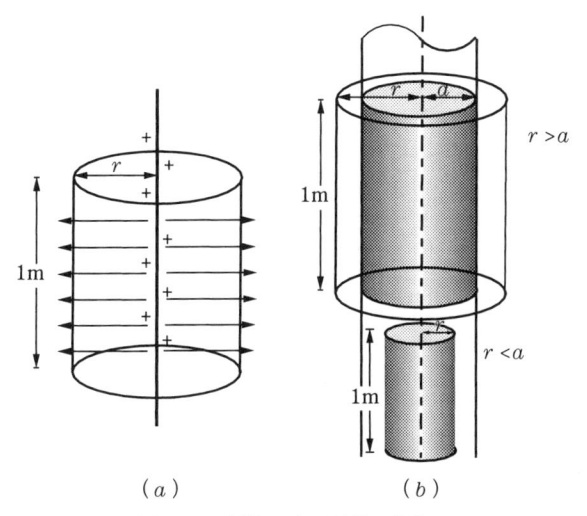

(a)　　　　　　(b)

図 2.11 円柱の中に電荷が分布している場合の電界

合は，r の位置に電界を作るのは，半径 $r(<a)$ の円柱の中の電荷のみであることから

$$E = \frac{\dfrac{\text{半径 } r \text{ の円柱の体積} \times \rho}{\varepsilon_0}}{\text{半径 } r \text{ の円柱の側面積}} = \frac{\dfrac{\pi r^2 \times \rho}{\varepsilon_0}}{2\pi r} = \frac{r\rho}{2\varepsilon_0} \quad [\text{V/m}] \tag{2.17}$$

となる。ただし，$\rho = Q/\pi a^2$ [C/m³] は円柱の中の電荷密度である。

【例題 2.8】　無限に広い平面に，電荷が電荷密度 σ [C/m²] で一様に分布しているとき，この平面から d [m] 離れたところの電界を計算せよ。

[解答]　図 2.12 のような，面積が 1 m²，長さが $2d$ [m] の円柱を考える。この中に含まれる電荷は σ [C] である。一方，電気力線は平面と垂直なので，電気力線は円柱の両底面（合計の面積 2 m²）を貫き，側面から出ることはない。電気力線の本数は，円柱の中の電荷を $1/\varepsilon_0$ 倍して得られるので，1 m² の面積を貫く電気力線の数，すなわち電界の強さは

$$E = \frac{\dfrac{\sigma}{\varepsilon_0}}{2} = \frac{\sigma}{2\varepsilon_0} \quad [\text{V/m}] \tag{2.18}$$

16　2. 電界と電位

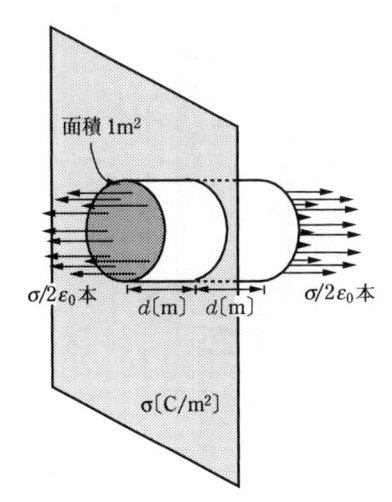

図 2.12　平面の電荷による電界

となり，E は平面からの距離に依存せず一定であることがわかる。

【例題 2.9】　電荷密度 $+\sigma$ と $-\sigma$ $[C/m^2]$ に帯電した，2枚の無限に広い平面が間隔 D $[m]$ で平行に置かれている。2枚の平面の間および外側の電界を計算せよ。

[解答]　図 2.13 のように，正電荷の面によって，その面の両側に $\sigma/2\varepsilon_0$ $[V/m]$ の電界ができ，一方，負電荷の面によっても $\sigma/2\varepsilon_0$ $[V/m]$ の電界ができる。そして，2枚の平面の間では，両方の電荷による電界が同じ向きなので，足し合わさって

$$E = \frac{\sigma}{2\varepsilon_0} + \frac{\sigma}{2\varepsilon_0} = \frac{\sigma}{\varepsilon_0} \quad [V/m] \tag{2.19}$$

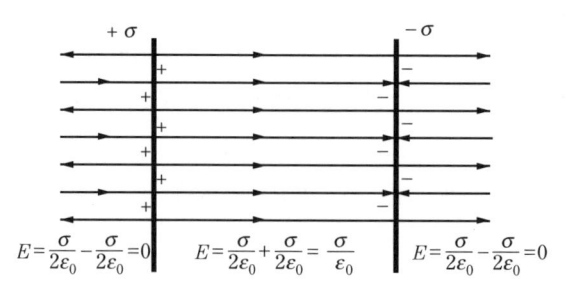

図 2.13　2枚の平面電荷による電界

となる。また平面の外側では，2枚の平面によってできる電界の向きが，たがいに反対向きで大きさが等しいので，打ち消しあって $E=0$ 〔V/m〕となる。

2.5 電界と電位

一様な電界 E 〔V/m〕の中に置かれた電荷 q 〔C〕には，$F=qE$ 〔N〕の力が働くことは 2.1 節で学んだ。図 2.14 のように，この電荷 q を力 F に逆らって，点 A から点 B まで d 〔m〕移動させるには外部から仕事をしなければならない。この仕事量 W_{A-B} は式(2.20)のように表される。

$$W_{A-B}=Fd=qEd \quad 〔J〕 \tag{2.20}$$

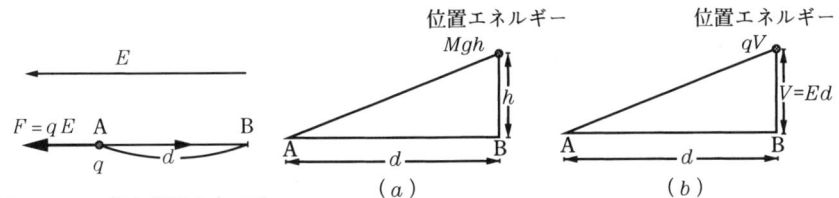

図 2.14　一様な電界の中で電荷を運ぶのに要する仕事量

図 2.15　電界と電圧の関係，斜面との比較

このことを，図 2.15(a) のような質量 M 〔kg〕の物体を斜面に沿って持ち上げることと対比して考える。質量 M を移動させるには，斜面の傾きに比例する力を加え，点 A から点 B まで移動するのに必要な仕事量は，点 A を基準とした質量 M の位置エネルギーに等しく，式(2.21)で表される。

$$W=Mgh \quad 〔J〕 \tag{2.21}$$

電界の中を電荷が移動する場合も，電荷は外部からなされた仕事量の分だけ**位置エネルギー**(potential energy) が高くなり，図(b)のように表すことができる。q と M が対応し，位置エネルギーに関係する高さ h（厳密には hg）に相当するものとして**電位** V 〔V〕を導入する。すなわち，点 B は点 A よりも電気エネルギー的に V だけ高い位置にある。また，電界 E は斜面の傾きに対応する。

2. 電界と電位

電位および電圧の定義

電荷 q [C] を基準の場所から任意の点に移動させるのに必要なエネルギーが W [J] であるとき，その点の**電位**（electric potential）は

$$V = \frac{W}{q} \quad [\text{V}] \tag{2.22}$$

である。また，ある2点間の電位の差を**電圧**（voltage）または**電位差**（potential difference）ともいう。単位は V（ボルト：volt）を用いるが，これは J/C に相当する。

電界と電位の関係

電界が一様なとき，電界と電位差の関係は式(2.20)，(2.22)から

$$E = \frac{V}{d} \quad [\text{V/m}] \tag{2.23}$$

となる。電界が一様でないときもつねに**電界は電位の傾き**である。また，式(2.23)から電界の単位が V/m であることがわかる。

【例題 2.10】 図2.16のような間隔 D [m] で平行な2枚の電極の間に電圧 V_D [V] が加えられている。陽極（＋極）に静止して置かれた質量 m [kg]，電荷 q [C] の粒子の加速度，およびこの粒子が陽極から x [m] 離れた点まで移動したときの速度を計算せよ。

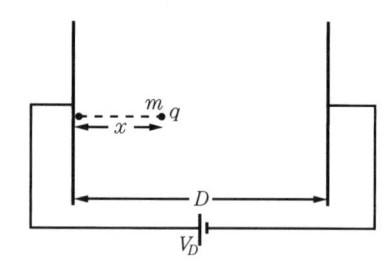

図 2.16 電極の間に置かれた荷電粒子

解 答 式(2.23)（電界は電位の傾き）から

$$E = \frac{V_D}{D} \quad [\text{V/m}] \tag{2.24}$$

である。したがって，粒子に作用する力は

$$F = qE = \frac{qV_D}{D} \quad [\text{N}] \tag{2.25}$$

なので，粒子の加速度は

$$a = \frac{F}{m} = \frac{qV_D}{mD} \quad [\text{m/s}^2] \tag{2.26}$$

となる。一方，陽極を電位の基準とすると，陽極から x [m] 離れた点の電位は

$$V = -Ex \quad [\text{V}] \tag{2.27}$$

であるので，粒子がその場所まで移動すると，位置エネルギーは

$$W = qV = -qEx \quad [\text{J}] \tag{2.28}$$

となり，陽極にあるときよりも qEx [J] だけ低くなる。最初は粒子の運動エネルギーも位置エネルギーも 0 なので，エネルギー保存則から，粒子がどの位置にあっても，両者の和は 0 である。すなわち

$$\frac{1}{2}mv^2 + qV = 0 \quad [\text{J}] \tag{2.29}$$

が成り立つ。したがって，粒子の速度は式 (2.30) のように得られる。

$$v = \sqrt{\frac{-2qV}{m}} = \sqrt{\frac{2qEx}{m}} \quad [\text{m/s}] \tag{2.30}$$

2.6　点電荷のまわりの電位

点電荷 Q [C] のまわりの電界は点電荷からの距離 r [m] によって変化し，一様ではないので式 (2.23) は成り立たない。式の導出は例題 2.18 に譲るが，結果は式 (2.31) のようになる。

$$V = \frac{Q}{4\pi\varepsilon_0 r} \quad [\text{V}] \tag{2.31}$$

電位の基準は点電荷から無限に離れたところである。このように電界が一様ではない場合も，図 2.17 に示すように「電界は電位の傾き」である。

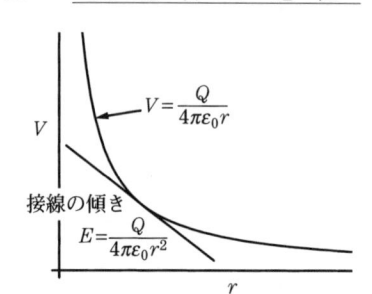

図 2.17 点電荷のまわりの電界と電位の関係

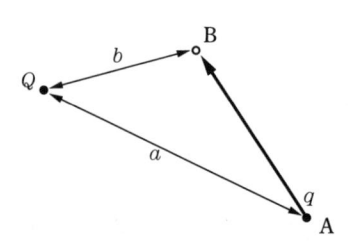

図 2.18 点電荷 q の移動に必要なエネルギー

【例題 2.11】 図 2.18 に示すように，点電荷 Q [C] から a [m] の距離にある点電荷 q [C] を b [m] の距離の位置まで移動するのに必要なエネルギーを計算せよ．

[解答] 点 A と点 B の電位は，それぞれ

$$V_A = \frac{Q}{4\pi\varepsilon_0 a} \quad [\text{V}] \tag{2.32}$$

$$V_B = \frac{Q}{4\pi\varepsilon_0 b} \quad [\text{V}] \tag{2.33}$$

である．したがって，AB 間の電位差は

$$V_{BA} = V_B - V_A = \frac{Q}{4\pi\varepsilon_0}\left(\frac{1}{b} - \frac{1}{a}\right) \quad [\text{V}] \tag{2.34}$$

であるので，電荷 q を A 点から B 点まで移動するのに必要なエネルギーは

$$W = qV_{BA} = \frac{qQ}{4\pi\varepsilon_0}\left(\frac{1}{b} - \frac{1}{a}\right) \quad [\text{J}] \tag{2.35}$$

である．

【例題 2.12】 図 2.19 に示す電荷 Q [C] に帯電した半径 a [m] のリング（例題 2.3 と同じ）があるとき，リングの中心軸上で，リングの中心から z [m] 離れた点 P の電位を計算せよ．

[解答] 例題 2.3 の場合と同様に，リングを m 等分し，その中の一つの微小部分（長さ $\Delta s = 2\pi a/m$ [m]，電荷 Q/m [C]）が点 P に作る電位を計算すると

2.7 帯電導体の電界と電位

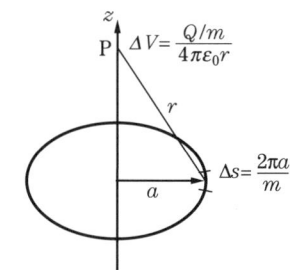

図2.19 リング状電荷による電位

$$\Delta V = \frac{\frac{Q}{m}}{4\pi\varepsilon_0\sqrt{a^2+z^2}} \quad [\text{V}] \tag{2.36}$$

となる。電位は電界と異なりスカラー量なので，方向を考えずに代数和をとるだけでよい。したがって，リングが点Pに作る電位は式(2.37)のようになる。

$$V = m\Delta V = \frac{Q}{4\pi\varepsilon_0\sqrt{a^2+z^2}} \quad [\text{V}] \tag{2.37}$$

2.7 帯電導体の電界と電位

導体（conductor）には自由に動くことのできる電荷（自由電荷，free charge）があり，**自由電荷**が電界によって移動し，その結果，電界および電位が変化する。このようなことから，電流の流れていない導体の中および表面において，電界，電位はつぎのような性質がある。

導体の性質

（1） 導体内部の電界は0である。
（2） 導体内部および表面の電位は一定（等電位）である。
（3） 導体が帯電している場合，その電荷は導体の内部には存在せず，表面にのみ分布する。
（4） 導体の表面における電界は導体の表面と垂直であり，その大きさは

$$E = \frac{\sigma}{\varepsilon_0} \quad [\text{V/m}] \tag{2.38}$$

である（$\sigma\,[\mathrm{C/m^2}]$ は導体の表面の電荷密度である）。

（1）については，導体に電界が加えられると，自由電荷が電界によって移動し，導体の中の電界が 0 となるまで電荷の分布が変わり続ける。図 2.20 に示すように，帯電していない導体 A に帯電した導体 B を近付けると，導体 A の B に近い側には負電荷が引き寄せられ，反対側に正電荷が現れる。これを**静電誘導**（electrostatic induction）という。これらの電荷によって，導体 A の中では，導体 B による電界を完全に打ち消している。同時に，導体 A による電界を打ち消すように，導体 B の表面の電荷も分布し直している。しかし，いずれの導体においても，電荷の総量は最初と変わらない。

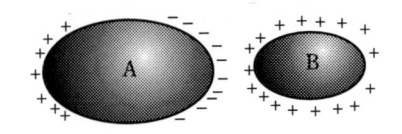

図 2.20 静 電 誘 導

（2）については，導体の中の電界は 0 なので導体の中に電位差がなく，導体の内部および表面は等電位である。

（3）については，もし，導体の中に電荷が存在すると，この電荷から電気力線が出る（入る）ので，電荷のまわりには電界が生じる。これは，（1）に反することになるので，導体の中には電荷が存在してはいけないことになる（同量，反対符号の電荷が表面から移動してきて，打ち消してしまう）。

（4）については，もし電界 E が導体の表面と垂直でないなら，図 2.21 に示すように，導体の表面に平行な電界の成分 $E_{/\!/}$ が現れる。このことは，導体の表面に沿って電位が変化することを意味し，（2）に反することになる。したがって，E は導体の表面と垂直でなければならない。そして，$1\,\mathrm{m}^2$ 当り $\sigma\,[\mathrm{C}]$ の電荷が分布しているならば，この電荷から出る（$1\,\mathrm{m}^2$ 当りの）電気力線の数すなわち電界の強さは $E=\sigma/\varepsilon_0\,[\mathrm{V/m}]$ である（電気力線はすべて導体の外側向き）。

2.7 帯電導体の電界と電位   23

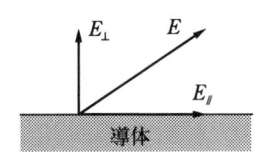

図 2.21 導体表面の電界

【例題 2.13】 図 2.22(*a*)に示すような同心導体球がある。内側と外側の導体球に，それぞれ電荷 Q_1, Q_2 [C] を与えたときの電界と電位を計算せよ。

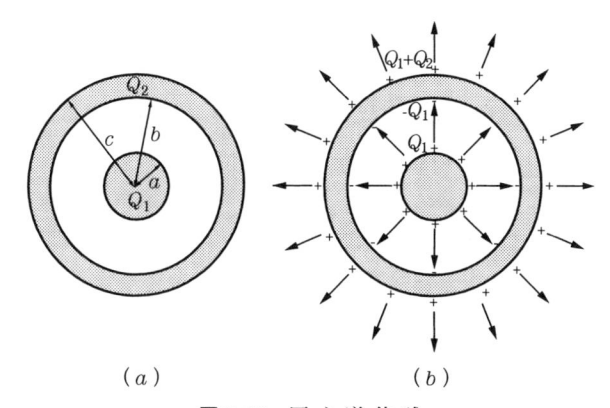

図 2.22 同 心 導 体 球

【解答】 導体の中には電気力線が存在しないので，図(*b*)に示すように，内側の導体から出た電気力線はすべて外側の導体の内面（半径 b の球面）の電荷に吸い込まれなければならない。したがって，半径 b の球面には電荷 $-Q_1$ [C] が現れる。また，外側の導体の電荷の総量は Q_2 [C] であるから，外側の導体の外面（半径 c の球面）には電荷 Q_1+Q_2 [C] が現れる。

よって，電界はガウスの定理を用いて

$r<a$ の場合

$$E=0 \quad [\text{V/m}] \tag{2.39 a}$$

$a<r<b$ の場合

$$E=\frac{Q_1}{4\pi\varepsilon_0 r^2} \quad [\text{V/m}] \tag{2.39 b}$$

2. 電界と電位

$b < r < c$ の場合

$$E = \frac{Q_1 + (-Q_1)}{4\pi\varepsilon_0 r^2} = 0 \quad [\text{V/m}] \tag{2.39 c}$$

$r > c$ の場合

$$E = \frac{Q_1 + (-Q_1) + (Q_1 + Q_2)}{4\pi\varepsilon_0 r^2} = \frac{Q_1 + Q_2}{4\pi\varepsilon_0 r^2} \quad [\text{V/m}] \tag{2.39 d}$$

である。

つぎに電位を計算するのだが，最初に外側の導体の外面（半径 c の球面）の電荷 $Q_1 + Q_2$ のみによる電位を考える。$r > c$ の範囲では電界は式(2.39 d)で表され，これは球の表面に分布している電荷 $Q_1 + Q_2$ が球の中心に集まった点電荷の電界と同じである。したがって，電位も点電荷による電位と同じで，半径 c の球面の電荷 $Q_1 + Q_2$ による $r > c$ の電位 V_c は

$$V_c = \frac{Q_1 + Q_2}{4\pi\varepsilon_0 r} \quad [\text{V}] \tag{2.40}$$

となる。一方，$r < c$ では，半径 c の球面の電荷のみによる電界が 0 なので，電位 V_c は一定で，$r = c$ の電位と等しい。したがって式(2.41)のようになる。

$$V_c = \frac{Q_1 + Q_2}{4\pi\varepsilon_0 c} \quad [\text{V}] \tag{2.41}$$

同様に，半径 a, b, c の球面の電荷による電位を計算すると，それぞれ図 2.23 に示す V_a, V_b, V_c の曲線になる。

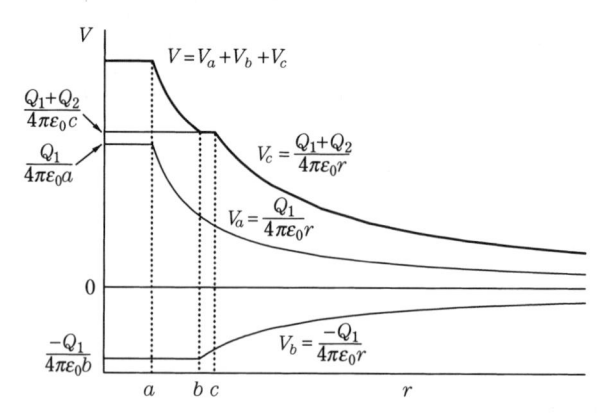

図 2.23　同心導体球の電位

本例題で求める電位は，これらの総和であるから

$r>c$ の場合

$$V = \frac{Q_1}{4\pi\varepsilon_0 r} + \frac{-Q_1}{4\pi\varepsilon_0 r} + \frac{Q_1+Q_2}{4\pi\varepsilon_0 r} = \frac{Q_1+Q_2}{4\pi\varepsilon_0 r} \quad [\text{V}] \quad (2.42\,\text{a})$$

$b<r<c$ の場合

$$V = \frac{Q_1}{4\pi\varepsilon_0 r} + \frac{-Q_1}{4\pi\varepsilon_0 r} + \frac{Q_1+Q_2}{4\pi\varepsilon_0 c} = \frac{Q_1+Q_2}{4\pi\varepsilon_0 c} \quad [\text{V}] \quad (2.42\,\text{b})$$

$a<r<b$ の場合

$$V = \frac{Q_1}{4\pi\varepsilon_0 r} + \frac{-Q_1}{4\pi\varepsilon_0 b} + \frac{Q_1+Q_2}{4\pi\varepsilon_0 c} \quad [\text{V}] \quad (2.42\,\text{c})$$

$r<a$ の場合

$$V = \frac{Q_1}{4\pi\varepsilon_0 a} + \frac{-Q_1}{4\pi\varepsilon_0 b} + \frac{Q_1+Q_2}{4\pi\varepsilon_0 c} \quad [\text{V}] \quad (2.42\,\text{d})$$

となる。

導体の中($b<r<c$, $r<a$)では電界が0（式(2.39 a),(2.39 c)），電位が一定(式(2.42 b),(2.42 d))となっていることを確認されたい。

2.8 静電しゃへい

前節で学んだように，電界の中に置かれても導体の中の電界は0である。また，図2.24のように導体の中の空洞に電荷がなければ，空洞の中も電界が0である。このとき，空洞の中の電位は一定で導体の電位に等しい。したがって，もし導体が接地されていれば，導体および空洞の中の電位は0で，外部の電界によって変化することがない。このように，外部の電界の影響をなくすことを**静電しゃへい**（electrostatic shielding）といい，微妙な電気計測には重要である。

図2.24 静電しゃへい

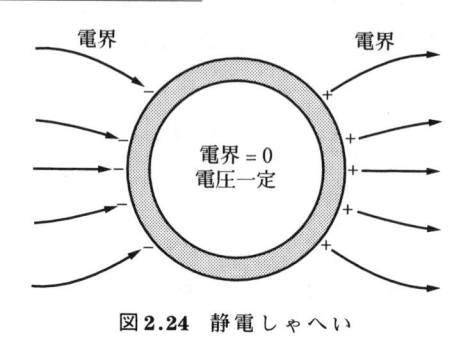

2.9 電気影像法

　これまでは，電荷の分布がすでにわかっている場合について考えてきたが，2.7節でも述べたように，導体では等電位になるように自由電荷が再配置するので，電荷分布があらかじめわからないのが一般的である。したがって，導体を含む系の電界，電位を計算するのは複雑で困難であり，さまざまな理論，手法が研究されている。ここでは，最も簡単で利用されることの多い**電気影像法**（electric image method）と呼ばれる方法について述べる。

　最初に，図2.25のように，無限に広い平面導体から距離 d [m] の点に電荷 Q [C] を置いたときの電界および電位分布を計算する。この場合，2.7節の導体の性質（2）および（4）より，導体の表面は等電位で，さらに電荷 Q から出た電気力線は導体の表面に垂直に吸い込まれなければならない。電気力線が吸い込まれるために，導体の表面には負の電荷が現れる。電気影像法によると，この導体表面に分布する電荷の代わりに，図に示すように，導体の表面に関して電荷 Q と対称の位置に，**影像電荷**（image charge）$-Q$ [C] を置くことによって，導体の表面から右側の空間の電界および電位を両電荷の作る電界，電位の重ね合わせから計算することができる。

図2.25 平面導体の電気影像

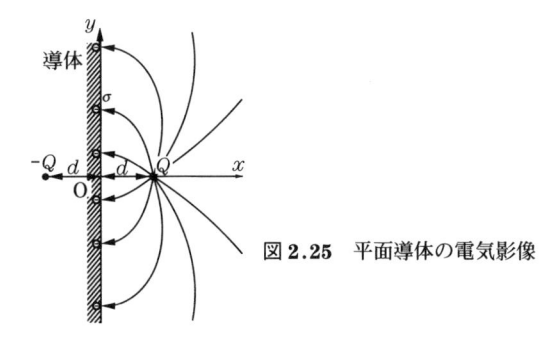

【例題 2.14】 図の導体表面の電界および電荷密度を計算せよ。

解答 最初に，導体の表面における電界を計算する．電荷 Q および $-Q$ による電界を重ね合わせると，点 O から距離 y [m] の点の電界は

$$E = \frac{Q}{4\pi\varepsilon_0 r^2} \times \frac{2d}{r} = \frac{Qd}{2\pi\varepsilon_0 (y^2+d^2)^{3/2}} \quad [\text{V/m}] \tag{2.43}$$

である（例題2.2参照）．したがって，式(2.38)を用いて電荷密度が得られる．

$$\sigma = -\varepsilon_0 E = \frac{-Qd}{2\pi(y^2+d^2)^{3/2}} \quad [\text{C/m}^2] \tag{2.44}$$

【例題 2.15】 図において，点 O を原点とする座標 (x, y) の点の電位を計算せよ．

解答 この場合も，電荷 Q および影像電荷 $-Q$ による電位を重ね合わせればよい．電荷 Q，$-Q$ からの距離を r_1，r_2 とすると，電位は式(2.45)で表される．

$$V = \frac{Q}{4\pi\varepsilon_0 r_1} + \frac{-Q}{4\pi\varepsilon_0 r_2} = \frac{Q}{4\pi\varepsilon_0 \sqrt{(x-d)^2+y^2}} + \frac{-Q}{4\pi\varepsilon_0 \sqrt{(x+d)^2+y^2}} \quad [\text{V}] \tag{2.45}$$

導体の表面の電位は，式(2.45)に $x=0$ を代入することによって，y の値に関係なく $V=0$ が得られる．よって，導体の表面が等電位で，導体の性質（2）と矛盾しないことがわかる．

【例題 2.16】 図において，電荷 Q に働く力を計算せよ．

解答 電荷 Q は導体表面に分布する負電荷から引力を受ける．この場合

も，導体表面に分布する負電荷の代わりに影像電荷$-Q$による力を計算すればよい。

$$F=\frac{Q^2}{4\pi\varepsilon_0(2d)^2}=\frac{Q^2}{16\pi\varepsilon_0 d^2} \quad [\mathrm{N}] \tag{2.46}$$

この力を**影像力**（image force）という。

【例題 2.17】 図2.26のような半径a[m]の接地した導体球の中心からD[m]の距離に置かれた電荷Q[C]の影像電荷の大きさと位置を計算せよ。

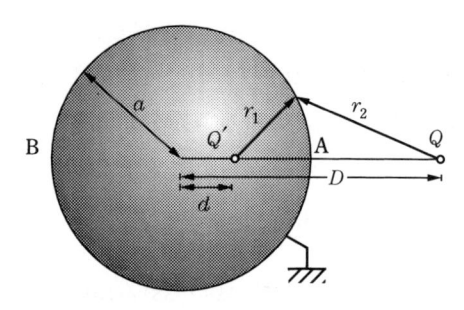

図2.26 接地された導体球の電気影像

〔解 答〕 図に示すように，電荷Qの影像電荷の大きさをQ'，位置を中心からd[m]と仮定する。接地していることから，導体球の表面の電位は0Vでなければならないので，導体球の表面の任意の点からの電荷Qまでの距離r_1と影像電荷Q'までの距離r_2の比が式(2.47)を満たし，両者による電位が打ち消し合う必要がある。

$$\frac{Q'}{4\pi\varepsilon_0 r_1}+\frac{Q}{4\pi\varepsilon_0 r_2}=0 \tag{2.47 a}$$

$$\therefore \quad \frac{Q}{r_2}=\frac{-Q'}{r_1} \tag{2.47 b}$$

2点からの距離が一定の比の点の集合は，**アポロニウスの円**（球）として知られ，これが導体球の表面に相当する。

導体球の表面上の，どの点でもr_1とr_2の比は同じであるから，計算が最も容易な2点（電荷Qから最も近い点Aと最も遠い点B）から計算する。

$$\frac{r_1}{r_2} = \frac{a-d}{D-a} = \frac{a+d}{D+a} \tag{2.48}$$

より，つぎの結果が得られる．

$$d = \frac{a^2}{D} \ [\mathrm{m}] \tag{2.49a}$$

$$Q' = -\frac{r_1}{r_2}Q = -\frac{a}{D}Q \ [\mathrm{C}] \tag{2.49b}$$

例題 2.17 は，$D>a$，すなわち電荷 Q が導体球の外側にある場合であるが，導体の中に半径 a の球形の空洞があり，その中に電荷 Q が存在する $D<a$ の場合にも式(2.49a)，(2.49b)は成り立つ．

導体球が孤立して帯電していない場合は，電荷 Q が置かれた後も導体球の電荷は 0 でなければならないことから，$Q''=-Q'=(a/D)Q$ を新たに導体球の中に置く必要がある．このとき Q'' を置くことによって，導体球の表面が等電位であるという条件が変わってはいけないので，Q'' は導体球の表面のどの位置からも同じ距離の点，すなわち球の中心に置く（演習問題 2.23）．

2.10 一様でない電界と電位

2.5 節で学んだように，電界は電位の傾きであることから，電位 V が r によって変化するときは，電界 E はつぎのように微分を用いて表すことができる．

電界と電位の関係（電界が一様でない場合）

$$E = -\frac{dV}{dr} \ [\mathrm{V/m}] \tag{2.50}$$

電界は電位の高いほうから低いほうへ向かうので，E が r の正方向を向くとき dV/dr は負になる．したがって，式(2.50)の負の符号が必要である．

反対に，電位は電界を積分することによって得られる．図 2.27 において，範囲 $[a, b]$ を小さな区間に分ける．幅 dr の微小区間の中では電界 E は一様

2. 電界と電位

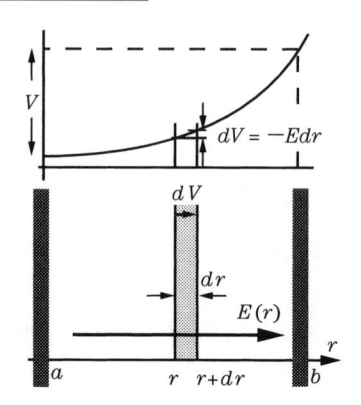

図 2.27 一様でない電界と電位

と見なせるので，この区間の電位差は

$$dV = -E dr \quad [\text{V}] \tag{2.51}$$

となる。

点 a を基準とする点 b の電位は，微小な区間の電位差をすべて加え合わせることによって得られる。すなわち，$-E$ を積分することによって ab 間の電位差（点 a を基準とする点 b の電位）が得られる。

$$V = \int_a^b -E dr \quad [\text{V}] \tag{2.52}$$

【例題 2.18】 点電荷 Q [C] のまわりの電位を計算せよ。

[解答] 式(2.3)より，点電荷 Q から r 離れた点の電界は

$$E = \frac{Q}{4\pi\varepsilon_0 r^2} \quad [\text{V/m}] \tag{2.53}$$

であるから，式(2.52)を用いて

$$V = \int_\infty^r -\frac{Q}{4\pi\varepsilon_0 r^2} dr = \frac{Q}{4\pi\varepsilon_0}\left(\frac{1}{r} - \frac{1}{\infty}\right) = \frac{Q}{4\pi\varepsilon_0 r} \quad [\text{V}] \tag{2.54}$$

となる。これは，すでに示した式(2.31)である。

【例題 2.19】 半径 a [m] の円柱に電荷密度 ρ [C/m^3] で電荷が満たされている。中心軸から r [m] 離れた点の電位を計算せよ。ただし，電位の基準を中心軸から R [m] 離れたところとする。

[解答] 中心軸から r 離れた点の電界は，円柱の内側では（例題2.7参照）

$$E = \frac{\rho}{2\varepsilon_0} r \quad [\text{V/m}] \tag{2.55}$$

である。また，円柱の外側では

$$E = \frac{a^2 \rho}{2\varepsilon_0 r} \quad [\text{V/m}] \tag{2.56}$$

であるから，円柱の外側の電位は

$$V = \int_R^r -\frac{a^2 \rho}{2\varepsilon_0 r} dr = \frac{a^2 \rho}{2\varepsilon_0}(-\ln r + \ln R) = \frac{a^2 \rho}{2\varepsilon_0} \ln \frac{R}{r} \quad [\text{V}] \tag{2.57}$$

また，円柱の内側の電位は

$$V = \int_R^a -\frac{a^2 \rho}{2\varepsilon_0 r} dr + \int_a^r -\frac{\rho}{2\varepsilon_0} r dr = \frac{a^2 \rho}{2\varepsilon_0} \ln \frac{R}{a} + \frac{\rho}{4\varepsilon_0}(-r^2 + a^2)$$

$$= \frac{\rho}{4\varepsilon_0}\left(2a^2 \ln \frac{R}{a} + a^2 - r^2\right) \quad [\text{V}] \tag{2.58}$$

である。

【例題 2.20】 間隔 D [m] で平行な電極に電圧 V_D [V] が加えられているとき，陰極からの距離 x [m] のところの電位が $x^{4/3}$ に比例する場合，陰極に静止して置かれた質量 m [kg]，電荷 $-e$ [C] の電子が陰極から x [m] 離れた点まで移動したときの加速度および速度を計算せよ。さらに，電子が陽極まで到達するのに必要な時間（**電子走行時間**）を計算せよ。

[解答] 題意より，電位は式(2.59)で表される。

$$V = V_D \left(\frac{x}{D}\right)^{4/3} \quad [\text{V}] \tag{2.59}$$

したがって，電界は

$$E = -\frac{dV}{dx} = -\frac{4}{3} \frac{V_D}{D} \left(\frac{x}{D}\right)^{1/3} \quad [\text{V/m}] \tag{2.60}$$

となるので，加速度は式(2.61)で与えられる。

$$a = \frac{-eE}{m} = \frac{4eV_D}{3mD}\left(\frac{x}{D}\right)^{1/3} \quad [\text{m/s}^2] \tag{2.61}$$

また，速度はエネルギー保存則から（例題2.10）

$$v = \sqrt{\frac{2eV}{m}} = \sqrt{\frac{2eV_D}{m}\left(\frac{x}{D}\right)^{4/3}} = \sqrt{\frac{2eV_D}{m}}\left(\frac{x}{D}\right)^{2/3} \quad [\text{m/s}] \tag{2.62}$$

となる。**電子走行時間**(electron transit time)は、つぎのように考えることにより得られる。陰極から x の位置で微小距離 dx を通過するのに必要な時間は

$$dt = \frac{dx}{v} = \sqrt{\frac{m}{2eV_D}} \left(\frac{x}{D}\right)^{-2/3} dx \quad [\text{sec}] \tag{2.63}$$

である。したがって、電極間の距離 D を通過するのに必要な時間、すなわち電子走行時間は、式(2.63)を積分することにより式(2.64)で表される。

$$t = \int_0^D \frac{dx}{v} = \int_0^D \sqrt{\frac{m}{2eV_D}} \left(\frac{x}{D}\right)^{-2/3} dx = 3D\sqrt{\frac{m}{2eV_D}} \quad [\text{sec}] \tag{2.64}$$

2.11　3次元空間で変化する電界と電位

2.11.1　勾　　　配

電界は電位の傾きであることを2.5節および2.10節で述べたが、これらの場合は電位が座標を表す1変数のみ(x または r など)の関数であった。本節では、最初に電位が平面座標 x, y の関数 $V(x, y)$ で与えられる場合の電界と電位の関係について考え、つぎに3次元に拡張する。

座標 (x, y) の近傍においては、図2.28に示すように、$V(x, y)$ 曲面は平面と見なせる。これは、球形である地球の表面も日常的な狭い範囲では平面と見なせることと同じである。したがって、$V(x, y)$ の変化は、点Oからの変位

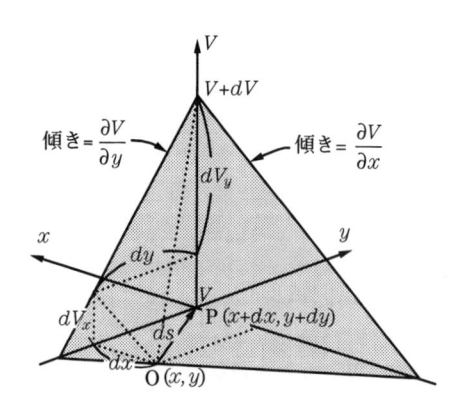

図2.28　電位の勾配

2.11 3次元空間で変化する電界と電位

dx, dy に比例する。

いま，x, y, z 方向の単位ベクトルを $\boldsymbol{i}, \boldsymbol{j}, \boldsymbol{k}$ とし，点 $\mathrm{O}(x, y)$ から $d\boldsymbol{s}=(\boldsymbol{i}dx+\boldsymbol{j}dy)$ だけ変位した点 $\mathrm{P}(x+dx, y+dy)$ の電位と点 O の電位との差 dV を計算する。最初に，x 方向に dx だけ移動することによる電位の変化 dV_x は，x 方向に沿って見たときの V の傾きを dx に乗じることにより得られる。すなわち

$$dV_x = \frac{\partial V}{\partial x}dx \tag{2.65}$$

同様に，y 方向に dy だけ移動することによる電位の変化 dV_y は

$$dV_y = \frac{\partial V}{\partial y}dy \tag{2.66}$$

となる。したがって，dV は式(2.67)で与えられる。

$$dV = dV_x + dV_y = \frac{\partial V}{\partial x}dx + \frac{\partial V}{\partial y}dy \tag{2.67}$$

これは V の全微分である。式(2.67)はベクトルの内積として，式(2.68)のように表すこともできる。

$$\begin{aligned}dV &= \frac{\partial V}{\partial x}dx + \frac{\partial V}{\partial y}dy = \left(\boldsymbol{i}\frac{\partial V}{\partial x} + \boldsymbol{j}\frac{\partial V}{\partial y}\right) \cdot (\boldsymbol{i}dx + \boldsymbol{j}dy) \\ &= \left(\boldsymbol{i}\frac{\partial V}{\partial x} + \boldsymbol{j}\frac{\partial V}{\partial y}\right) \cdot d\boldsymbol{s}\end{aligned} \tag{2.68}$$

式(2.68)は，変位 $d\boldsymbol{s}$ とベクトル $(\partial V/\partial x, \partial V/\partial y)$ の $d\boldsymbol{s}$ 方向成分の積が変化 dV に等しいことを表しており，このベクトルは傾きを表すベクトルと考えることができる。すなわち，任意の方向 $d\boldsymbol{s}$ に対する電位の傾きは，傾きを表すベクトルの $d\boldsymbol{s}$ 方向成分である。

以上の議論を3次元に拡張すると，式(2.68)は式(2.69)のようになる。

$$\begin{aligned}dV &= \left(\boldsymbol{i}\frac{\partial V}{\partial x} + \boldsymbol{j}\frac{\partial V}{\partial y} + \boldsymbol{k}\frac{\partial V}{\partial z}\right) \cdot (\boldsymbol{i}dx + \boldsymbol{j}dy + \boldsymbol{k}dz) \\ &= \left(\boldsymbol{i}\frac{\partial}{\partial x} + \boldsymbol{j}\frac{\partial}{\partial y} + \boldsymbol{k}\frac{\partial}{\partial z}\right)V \cdot d\boldsymbol{s} \\ &= \nabla V \cdot d\boldsymbol{s}\end{aligned} \tag{2.69}$$

ここで

$$\nabla = \left(i\frac{\partial}{\partial x} + j\frac{\partial}{\partial y} + k\frac{\partial}{\partial z} \right) \tag{2.70}$$

はハミルトン (Hamilton) の演算子というベクトルで，ナブラ (nabla) と読む†。

---- 電位の勾配 ----

∇V は**電位の勾配**(gradient) といい，grad V とも書く。

$$\mathrm{grad}\ V = \nabla V = \frac{\partial V}{\partial x}i + \frac{\partial V}{\partial y}j + \frac{\partial V}{\partial z}k \tag{2.71}$$

勾配ベクトルの方向は最大傾斜の方向であり，ベクトルの大きさは最大傾斜の大きさを表す。また，任意の方向に対する傾きは，勾配ベクトルのその方向の成分である。

2.11.2 電位の傾きと電界

電界の x 方向成分は，図 2.28 における電位の x 方向に沿った傾きに相当し

$$E_x = -\frac{\partial V}{\partial x} \tag{2.72}$$

となる。y, z 方向成分についても同様で，結局電界のベクトル E は式(2.73) のように表される。

---- 電界と電位の関係 ----

$$E = -\left(i\frac{\partial V}{\partial x} + j\frac{\partial V}{\partial y} + k\frac{\partial V}{\partial z} \right) = -\nabla V = -\mathrm{grad}\ V \tag{2.73}$$

【例題 2.21】 図 2.29 に示すような，間隔 l [m] で置かれた $+Q$，$-Q$ [C] の電荷（**電気双極子**）の中心から r [m] の位置の電位と電界を計算せよ。ただし，$r \gg l$ である。

[解 答] 電界と異なり，電位はスカラー量なので，代数和で得られる。したがって，最初に電位を計算する。

---

† ナブラは 2.12 節，10.2 節にも別な形で現れる。

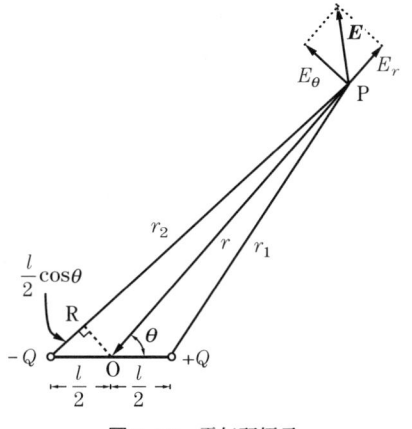

2.11 3次元空間で変化する電界と電位

図 2.29 電気双極子

PR=PO=r となるように R を決めると,$r \gg l$ から ∠PRO=∠POR≅90° となり

$$r_2 \cong r + \frac{l}{2}\cos\theta \tag{2.74}$$

と表すことができる。同様に考えると

$$r_1 \cong r - \frac{l}{2}\cos\theta \tag{2.75}$$

となる。したがって,点 P の電位は式(2.76)のように得られる。

$$V = \frac{Q}{4\pi\varepsilon_0 r_1} + \frac{-Q}{4\pi\varepsilon_0 r_2} \cong \frac{Q}{4\pi\varepsilon_0}\left(\frac{1}{r-\frac{l}{2}\cos\theta} - \frac{1}{r+\frac{l}{2}\cos\theta}\right)$$

$$= \frac{Q}{4\pi\varepsilon_0 r}\left(\frac{1}{1-\frac{l}{2r}\cos\theta} - \frac{1}{1+\frac{l}{2r}\cos\theta}\right) \tag{2.76}$$

ここで,再び $r \gg l$ の条件を用いて,点 P の電位は式(2.77)のように得られる[†]。

$$V = \frac{Q}{4\pi\varepsilon_0 r}\left[\left(1+\frac{l}{2r}\cos\theta\right) - \left(1-\frac{l}{2r}\cos\theta\right)\right]$$

$$= \frac{Ql}{4\pi\varepsilon_0 r^2}\cos\theta = \frac{p}{4\pi\varepsilon_0 r^2}\cos\theta \tag{2.77}$$

---

† $x \ll 1$ のとき,$(1+x)^n \approx 1+nx$ と近似できる。

ここに，$p=Ql$ は**電気双極子モーメント**[†1]である。

つぎに式(2.77)の電位から電界を計算する。式(2.77)は極座標 (r, θ, ϕ) で表されているが，式(2.73)を導いたときと同様の考え方で，電界の r および θ 方向成分を計算する[†2]。電界の r 方向成分 E_r は電位の r 方向の傾きであるから

$$E_r = -\frac{\partial V}{\partial r} = \frac{p}{2\pi\varepsilon_0 r^3}\cos\theta \tag{2.78}$$

となる。一方，電界の θ 方向成分 E_θ は電位の θ 方向の傾きであるが，θ 方向に沿う微小変位は，$d\theta$ ではなく $r\,d\theta$ であることから，式(2.79)のようになる。

$$E_\theta = -\frac{1}{r}\frac{\partial V}{\partial \theta} = \frac{p}{4\pi\varepsilon_0 r^3}\sin\theta \tag{2.79}$$

2.11.3 電界の線積分と電位

電位の傾きから電界が得られることはすでに学んだ。ここでは，電界から電位を計算することについて考える。図 2.30 に示す経路 C に沿って AB 間の電位差を計算する。点 P において，微小変位 $d\boldsymbol{s}$ による電位の変化 dV は，電界 $\boldsymbol{E}$ の $d\boldsymbol{s}$ 方向成分 E_s と $-ds$ の積に等しい。すなわち

$$dV = -E_s ds = -\boldsymbol{E} \cdot d\boldsymbol{s} \tag{2.80}$$

式(2.80)は，式(2.69)に式(2.73)を代入することによっても得られる。AB 間の電位差は，式(2.80)を経路 C に沿って A から B まで積分（**線積分**）することにより得られる。

$$V = \int_C -\boldsymbol{E} \cdot d\boldsymbol{s} \tag{2.81}$$

静電界の場合は，V は経路 C によらず一定であり，保存的な（conservative）場である。また，出発点と終点が同一である閉じた経路に沿う線積分を**周回積分**という。出発点と終点が同一でれば，その電位差は 0 であるから，周

[†1] 電気双極子および電気双極子モーメントについては，4.2 節で詳述する。

[†2] 極座標における勾配は，$\nabla = \hat{\boldsymbol{r}}\dfrac{\partial}{\partial r} + \hat{\boldsymbol{\theta}}\dfrac{1}{r}\dfrac{\partial}{\partial \theta} + \hat{\boldsymbol{\phi}}\dfrac{1}{r\sin\theta}\dfrac{\partial}{\partial \phi}$ である。

図 **2.30**　電界の線積分

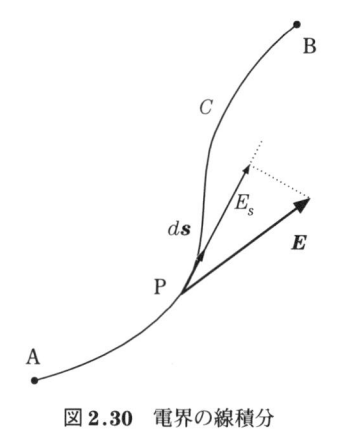

回積分の値は C によらずつねに 0 である[†]。

$$\oint_C -\boldsymbol{E} \cdot d\boldsymbol{s} = 0 \tag{2.82}$$

2.12　ガウスの定理と発散

2.4 節において，ガウスの定理と電気力線の関係について述べ，例題によってさまざまな形の電荷分布に対して電界の計算を行ってきたが，これらの例題では電荷の分布が一様であり，その形も球，円柱，平面に限られていた。電荷密度が一様ではない一般的な場合は，図 **2.31** の内容を数式で表すと

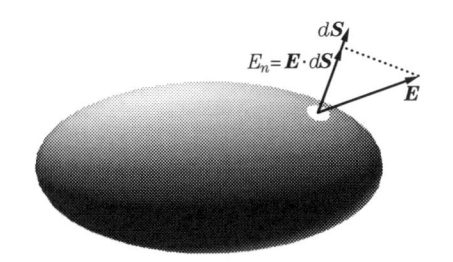

図 **2.31**　閉曲面と電界

---

† 電位が保存的でない場合については，10 章を参照。

38   2. 電界と電位

$$\int_S \boldsymbol{E} \cdot d\boldsymbol{S} = \frac{1}{\varepsilon_0} \int_V \rho dv \tag{2.83}$$

となる。ここで，S は閉曲面，$d\boldsymbol{S}$ は閉曲面上の微小面積のベクトルで，外向き法線を方向とする† (図を参照)。したがって，$\boldsymbol{E} \cdot d\boldsymbol{S}$ は電界 $\boldsymbol{E}$ の法線方向成分と面積 dS の積，すなわち，$d\boldsymbol{S}$ から出る電気力線の数を表す。さらに，V は閉曲面で囲まれた体積，そして ρ は電荷密度である。結局式 (2.83) の左辺は閉曲面 S から出る電気力線の本数であり，右辺は閉曲面に囲まれた体積 V の中の電荷の総量である。

【例題 2.22】　電界 $\boldsymbol{E}(x, y, z)$ の中に，図 2.32 のような，微小体積 $\Delta v = \Delta x \Delta y \Delta z$ を考え，この中から発生する電気力線の数は Δv に比例することを示せ。

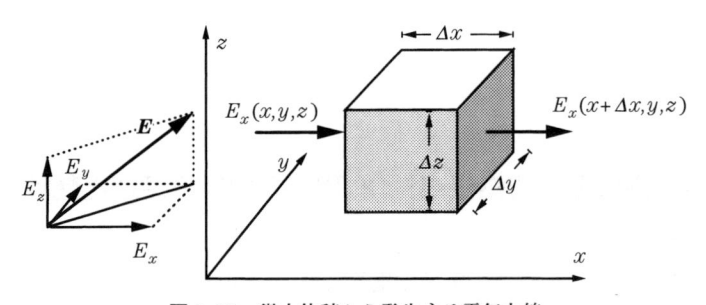

図 2.32　微小体積から発生する電気力線

【解答】　最初に，電界の x 成分 E_x だけに注目する。Δv の中での x 方向の電気力線の増加分は，Δv から出る電気力線と Δv に入る電気力線の本数の差である。$\Delta y \Delta z$ の面を貫く $1\,\mathrm{m}^2$ 当りの電気力線の本数が E_x であることを考慮すると

電気力線の x 方向成分の発生量
$$= \Delta E_x \times \Delta y \Delta z = [E_x(x+\Delta x, y, z) - E_x(x, y, z)] \Delta y \Delta z \tag{2.84}$$

---

†　面積のベクトルは，大きさが面積，方向は面と垂直な方向である。

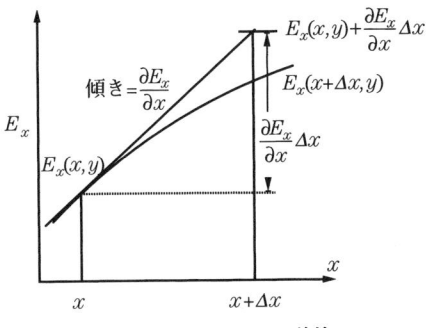

図 2.33　$E(x+\Delta x)$ の計算

一方，式(2.84)の $E_x(x+\Delta x, y, z)$ は，図 2.33 に示すように，式(2.85)のように近似することができる[†]。

$$E_x(x+\Delta x, y, z) = E_x(x, y, z) + \frac{\partial E_x}{\partial x}\Delta x \tag{2.85}$$

したがって，式(2.84)は

$$\Delta E_x \times \Delta y \Delta z = \frac{\partial E_x}{\partial x}\Delta x \Delta y \Delta z \tag{2.86}$$

となる。電気力線の y, z 成分の発生量についても同様の計算を行い，加え合わせると

Δv における電気力線の発生量

$$= \Delta E_x \times \Delta y \Delta z + \Delta E_y \times \Delta z \Delta x + \Delta E_z \times \Delta x \Delta y$$

$$= \left(\frac{\partial E_x}{\partial x} + \frac{\partial E_y}{\partial y} + \frac{\partial E_z}{\partial z}\right)\Delta x \Delta y \Delta z \tag{2.87}$$

となり，電気力線の発生量が Δv に比例することが導かれた。

式(2.87)を体積 $\Delta v = \Delta x \Delta y \Delta z$ で割ったもの，すなわち単位体積当りの電気力線の発生量を**発散**（divergence）といい，つぎのように表す。

----- 発散の定義 -----

$$\mathrm{div}\, E = \frac{\partial E_x}{\partial x} + \frac{\partial E_y}{\partial y} + \frac{\partial E_z}{\partial z} = \left(\boldsymbol{i}\frac{\partial}{\partial x} + \boldsymbol{j}\frac{\partial}{\partial y} + \boldsymbol{k}\frac{\partial}{\partial z}\right) \cdot (\boldsymbol{i}E_x + \boldsymbol{j}E_y + \boldsymbol{k}E_z)$$

$$= \nabla \cdot E \tag{2.88}$$

[†] テーラー（Taylor）展開の第 3 項以下を省略することに等しい。

40　　2. 電界と電位

∇ は，2.11.1項において述べたナブラである。ベクトルの内積は各成分どうしの積の和であるから，∇ と $\boldsymbol{E}$ の内積は，$\boldsymbol{E}$ の x, y, z 成分を，それぞれ x, y, z で偏微分したものの総和となる。

一方，電荷密度を $\rho(x, y, z)$ とすると，図2.32の微小体積から発生する電気力線の数は $\rho \Delta v / \varepsilon_0$ となるので

$$\Delta v \text{ における電気力線の発生量} = (\nabla \cdot \boldsymbol{E}) \Delta v = \frac{\rho \Delta v}{\varepsilon_0} \tag{2.89}$$

したがって，両辺を Δv で割ることにより，式(2.88)の div $\boldsymbol{E}$ はつぎのようになる

―――― 電界の発散と電荷密度の関係 ――――――――――――――――――

$$\text{div } \boldsymbol{E} = \nabla \cdot \boldsymbol{E} = \frac{\rho}{\varepsilon_0} \tag{2.90}$$

――――――――――――――――――――――――――――――――

式(2.90)を式(2.83)に代入すると，つぎの**ガウスの線束定理**が導かれる。

$$\iint_S \boldsymbol{E} \cdot d\boldsymbol{S} = \iiint_v \text{div } \boldsymbol{E} dv \tag{2.91}$$

これは電界に限らず，ベクトルの面積積分を体積積分に，また，その逆の変換を行う関係式である。

【例題 2.23】　電荷密度 ρ [C/m³] が中心からの距離 r [m] に比例し，$\rho = \rho_R r / R$ で与えられるとき，電界 $\boldsymbol{E}$ を計算し，さらに div $\boldsymbol{E}$ を計算せよ。

［解　答］　E はガウスの定理から，半径 r の球の中の電荷 Q' を $4\pi\varepsilon_0 r^2$ で割ることにより得られる。Q' は図2.34に示すように，厚さ dr' の球殻の中の微小電荷 $4\pi r'^2 dr' \times \rho$ を r' について 0 から r まで加え合わせる，すなわち，積分することにより得られる。

$$E = \frac{1}{4\pi\varepsilon_0 r^2} \int_0^r \rho \times 4\pi r'^2 dr' = \frac{1}{4\pi\varepsilon_0 r^2} \int_0^r \frac{\rho_R r'}{R} \times 4\pi r'^2 dr'$$

$$= \frac{\rho_R r^2}{4\varepsilon_0 R} \text{ [V/m]} \tag{2.92}$$

また，電界 $\boldsymbol{E}$ は球の中心からの位置ベクトル $\boldsymbol{r} = (x, y, z)$ と平行であるので，$\boldsymbol{E}$ の x, y, z 成分は，それぞれ x, y, z に比例する。したがって，式(2.93)のよ

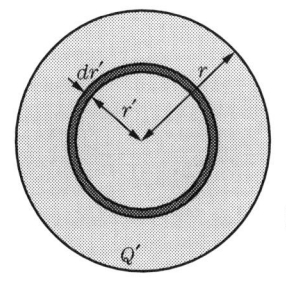

図 2.34 電荷 Q' の計算

うになる。

$$E = \frac{\rho_R r}{4\varepsilon_0 R}(ix + jy + kz) \tag{2.93}$$

つぎに div E を計算する。$\partial r/\partial x = x/r$ の関係に注意すると

$$\frac{\partial E_x}{\partial x} = \frac{\rho_R}{4\varepsilon_0 R}\left(x\frac{\partial r}{\partial x} + r\frac{\partial x}{\partial x}\right)$$

$$= \frac{\rho_R}{4\varepsilon_0 R}\left(\frac{x^2}{r} + r\right) \tag{2.94}$$

となることから

$$\text{div } E = \frac{\partial E_x}{\partial x} + \frac{\partial E_y}{\partial y} + \frac{\partial E_z}{\partial z}$$

$$= \frac{\rho_R}{4\varepsilon_0 R}\left(\frac{x^2 + y^2 + z^2}{r} + 3r\right)$$

$$= \frac{\rho_R}{4\varepsilon_0 R} \times 4r = \frac{\rho_R}{\varepsilon_0 R}r = \frac{\rho}{\varepsilon_0} \tag{2.95}$$

となって,式(2.90)が確かめられた。

2.13 ラプラスおよびポアソンの方程式

2.11節において電界と電位の関係式(2.73),また電界と電荷密度の関係式(2.90)を前節において導いた。式(2.73)と式(2.90)を結合すると

2. 電界と電位

$$\frac{\rho}{\varepsilon_0} = \text{div } \boldsymbol{E} = \text{div}(-\text{grad } V) = -\nabla \cdot (\nabla V)$$

$$= -\nabla^2 V = -\left(\frac{\partial^2}{\partial x^2} + \frac{\partial^2}{\partial y^2} + \frac{\partial^2}{\partial z^2}\right)V \tag{2.96}$$

となる。式(2.96)は，考えている空間に電荷が存在するか否かによってポアソンの方程式（Poisson's equation）またはラプラスの方程式（Laplace's equation）となる。

ポアソンの方程式

$$\nabla^2 V = -\frac{\rho}{\varepsilon_0} \tag{2.97}$$

ρ [C/m^3] は電荷密度である。

ラプラスの方程式

$$\nabla^2 V = 0 \tag{2.98}$$

ラプラスおよびポアソンの方程式は，空間に分布した電荷（空間電荷）の密度と電位を関係付ける重要な式である。なお，∇^2 を**ラプラシアン**（Laplacian）といい，△と書くこともある。

【例題 2.24】 真空中で2枚の金属を平行に向かい合わせたとき，電子の密度 n が陰極からの距離 x と，$n = Kx^{-2/3}$ [m^{-3}] の関係になった。電位分布を計算せよ。ただし，陰極の表面の電位を 0 [V]，電界を 0 [V/m]，電子の電荷を $-e$ [C] とする。

[解答] ポアソンの方程式は

$$\frac{d^2 V}{dx^2} = -\frac{\rho}{\varepsilon_0} = \frac{en}{\varepsilon_0} = \frac{eK}{\varepsilon_0} x^{-2/3} \tag{2.99}$$

となる。両辺を x で積分すると

$$\frac{dV}{dx} = 3\frac{eK}{\varepsilon_0} x^{1/3} + C_1 \tag{2.100}$$

ここに，C_1 は積分定数で，陰極の表面の電界が 0 の境界条件から定まる。

$$E\bigg|_{x=0} = -\frac{dV}{dx}\bigg|_{x=0} = -C_1 = 0 \tag{2.101}$$

式(2.101)を式(2.100)に代入して、さらに両辺を積分すると

$$V = \frac{9}{4}\frac{eK}{\varepsilon_0}x^{4/3} + C_2 \tag{2.102}$$

となる。C_2 も積分定数で、陰極の電位が 0（$x=0$ において $V=0$）の境界条件から $C_2=0$ が定まる。したがって、電位は式(2.103)で表される。

$$V = \frac{9}{4}\frac{eK}{\varepsilon_0}x^{4/3} \tag{2.103}$$

演習問題

【問 2.1】 ある点電荷 A から 1 cm 離れたところに、$2.5×10^{-6}$ C の点電荷 B を置いたところ、二つの点電荷の間に 15.0 N の引力が働いた。
（1） 点電荷 B の場所の、点電荷 A による電界の向きと強さを計算せよ。
（2） 点電荷 A の大きさを計算せよ（正負の符号も付けよ）。

【問 2.2】 水素原子では、電子が陽子を中心として半径 $5.29×10^{-11}$ m の円軌道を描いて回転している。
（1） 電子の位置の陽子による電界および電子に働く引力を計算せよ。
（2） 電子の位置の陽子による電位および電子の位置エネルギーを計算せよ。
（3） 電子の速度および運動エネルギーを計算せよ。

【問 2.3】 例題 2.2 において、2 個の点電荷が両方とも Q [C] の正電荷であるときの電界の大きさおよび電位を計算せよ。

【問 2.4】 1 辺の長さが a [m] の正方形の頂点に、それぞれ Q [C] の点電荷を置いた。正方形に垂直な中心軸上で、点 O から x [m] 離れた位置の電界と電位を計算せよ。ただし、点 O は正方形の中心である。

【問 2.5】 強さが 1 kV/m で東向きの電界の中に、$-5×10^{-4}$ C の電荷を置くとき、この電荷に働く力の大きさと向きを計算せよ。さらに、この電荷を 15 cm だけ東に移動するのに必要なエネルギーを計算せよ。

2. 電界と電位

【問 2.6】 水平に間隔が 20 cm で置かれた 2 枚の電極の間に，2×10^{-3} C で帯電した 10 g の物体に電界を加えたところ，重力と釣り合っている。このときの電界の強さと電極の間に加えられている電圧を計算せよ。

【問 2.7】 図 2.35 に断面を示すような，半径 a [m] の無限に長い円柱導体の外側に，中心軸を共通とする内外の半径が b, c [m] の円柱導体がある。内外の導体にそれぞれ $+Q$, $-Q$ [C/m] の電荷を与えるとき，内外の導体の間の電界を計算せよ。

★電位差も計算せよ。

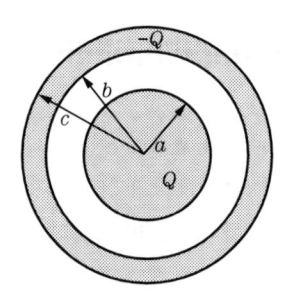

図 2.35

【問 2.8】 図 2.36 に断面を示すような，内外の半径がそれぞれ a, b [m] の球の間に，電荷 Q [C] が一様に分布している。中心から r [m] のところの電界を計算せよ。$r<a$, $a<r<b$, $r>b$ について考えよ。

★電位を計算せよ。

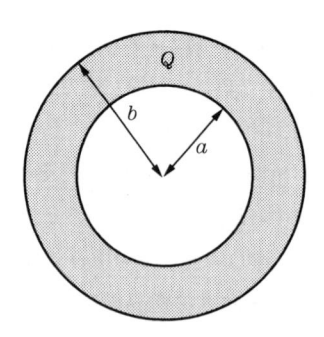

図 2.36

【問 2.9】 半径が,それぞれ a, b [m] の円柱の間に,電荷密度 ρ [C/m^3] で電荷が一様に分布している。中心軸から r [m] のところの電界を計算せよ。$r<a$, $a<r<b$, $r>b$ について考えよ。

★電位を計算せよ。ただし,電位の基準を中心軸から R [m] のところとする。

【問 2.10】 半径が a [m] の球の中に電荷密度 ρ [C/m^3] の電荷が一様に分布している。中心から r [m] の位置の電界を計算せよ。$r<a$, $r>a$ について考えよ。

【問 2.11】 水素原子のモデルを図 2.37 に示す。Q [C] の電荷を有する原子核のまわりを $-Q$ [C] の電子が雲のように取り巻いている。電子雲の電荷密度が半径 R [m] の球の中で一定であると仮定して,外部から電界 E_0 [V/m] を加えたときの,電子雲の中心と原子核の距離 x を計算せよ。

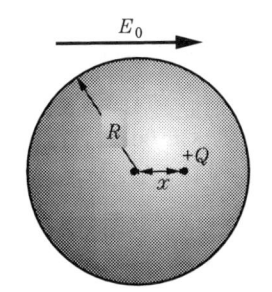

図 2.37 電界の中の原子核と電子雲

【問 2.12】 断面を図 2.38 に示すように,半径 a [m] の球の中に電荷密度 ρ [C/

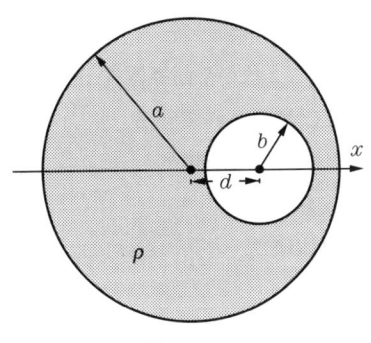

図 2.38

m³〕の電荷が一様に分布しているが，中心が d〔m〕ずれた半径 b〔m〕の球形の空洞がある．空洞の中の電界を計算せよ．

【問 2.13】 1 m 当りの電荷 $+Q$，$-Q$〔C/m〕で帯電している 2 本の糸が間隔 d〔m〕で平行に張られている．正電荷の糸から負電荷の糸に向かって x〔m〕の距離の電界を計算せよ．

★電位を計算せよ．

【問 2.14】 厚さ d〔m〕の無限に広い板の中には，電荷密度 ρ〔C/m³〕で電荷が一様に分布している．板の中心から x〔m〕離れたところの電界を計算せよ．$x<d/2$，$x>d/2$ について考えよ．

【問 2.15】 無限に広い平面の左側と右側の電界がそれぞれ E_1，E_2〔V/m〕で，いずれも電界の向きが右向きであるとき，平面の電荷密度を計算せよ．

【問 2.16】 電子が 1 V の電位差によって得るエネルギーの大きさを計算せよ．このエネルギーの大きさを 1 eV（**電子ボルト**：electron volt）という．また，1 eV の運動エネルギーに相当する電子の速さを計算せよ．

【問 2.17】 一様な電界 E〔V/m〕の中に置かれた q〔C〕，m〔kg〕の荷電粒子を，電界と反対向きに初速度 v_0〔m/s〕で打ち出すとき

（1） 最初の位置から粒子が最も離れる距離を計算せよ．

（2） 最初の位置に戻るまでの時間を計算せよ．

ただし，重力の影響を考えない．

【問 2.18】 間隔 D〔m〕で置かれた平行な 2 枚の平面電極の間に，厚さ d〔m〕の帯電していない導体板が電極と平行に置かれている．電極の間の電圧が V〔V〕であるとき，電極の間の電界および，電極の 1 m² 当りに働く力を計算せよ．

【問 2.19】 接地された平行な 2 枚の平面導体 A，B の間に，電荷密度が σ〔C/m²〕で厚さのない平面 C が置かれている．平面導体 A と平面 C の距離が a〔m〕，平面導体 B と平面 C の距離が b〔m〕のとき，AC 間，BC 間の電界および平面 C の電位を計算せよ．

【問 2.20】 例題 2.13 の導体球で，内側の導体球に Q〔C〕の電荷を与え，外側の導体球を接地するとき

（1） 外側の導体球の内側の面（半径 b〔m〕の球面）の電荷密度を計算

せよ．
 （2） 外側の導体球の電荷を計算せよ．
 （3） 内側の導体球の電位を計算せよ．
【問 2.21】 ★例題 2.14 において，導体表面の総電荷量が $-Q$ [C] に等しいことを示せ．
【問 2.22】 導体板が直交している場合は，図 2.39 のような 3 個の影像電荷を考える．ただし，点 O を原点とする．

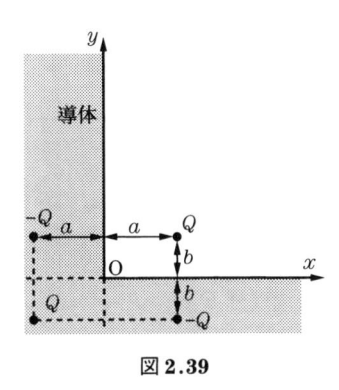

図 2.39

 （1） 導体の表面の電荷密度と x, y との関係を計算せよ（$z=0$）．
 （2） 電荷に働く力の x, y 成分をそれぞれ計算せよ．
 （3） 導体の電位を計算せよ．
★（4） 電荷を無限に遠いところまで移動するのに必要なエネルギーを計算せよ．
【問 2.23】 孤立した（接地していない）半径 a [m] の導体球の中心から D [m] 離れた位置（点 P）に電荷 Q [C] を置くとき，中心に aQ/D [C]，中心から点 P のほうへ a^2/D [m] ずれた位置に $-aQ/D$ [C] の影像電荷を考える．
 （1） 球面において点 P に最も近い点の電荷密度を計算せよ．
 （2） 導体球の電位を計算せよ．
★（3） この電荷を無限に遠くまで移動するのに必要なエネルギーを計算せよ．
【問 2.24】 ★電位 V が距離 x [m] に依存し，$V = \dfrac{eN_A}{2\varepsilon}(x-W)^2$ [V] と表される

とき
 （1）電界を計算せよ。
 （2）電荷密度を計算せよ。

【問 2.25】 ★式(2.37)の電位から電界を計算し，式(2.10)と等しくなることを示せ。

【問 2.26】 ★例題 2.4 の点 P の電位を計算せよ。さらに，得られた電位から電界を計算し，式(2.11)と等しくなることを示せ。

【問 2.27】 ★電位 V が点 O からの距離 r [m] に依存して，次式のように変化するとき

$$V = \frac{Q}{8\pi\varepsilon_0 a^3}(3a^2 - r^2) \ [\text{V}] \ (r<a), \quad V = \frac{Q}{4\pi\varepsilon_0 r} \ [\text{V}] \ (r>a)$$

 （1）電界の x, y, z 成分を計算せよ。
 （2）電荷密度を計算せよ。

【問 2.28】 ★点 O，P，Q の座標をそれぞれ $(0,0,0)$，$(0,b,0)$，$(a,b,0)$ とする。電界の x, y, z 方向成分 E_x, E_y, E_z がつぎのように表されるとき，O→P→Q の経路に沿って電界を線積分せよ。

$$E_x = Ax + By, \quad E_y = Cx + Dy^2, \quad E_z = 0 \ [\text{V/m}]$$

3 真空中の導体系と静電容量

3.1 静電容量

　図3.1のように，2個の導体の一方に正電荷 Q [C]，他方に負電荷 $-Q$ [C] を与えるとき，両導体間の電圧 V [V] は電荷 Q に比例し，式(3.1)のように表すことができる。

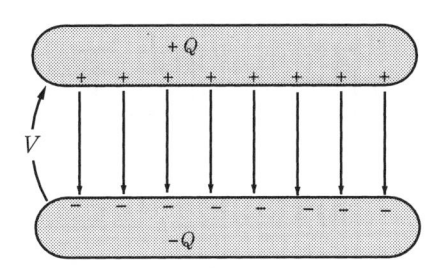

図3.1 2個の導体の電荷と電圧

---- 静電容量の定義

$$Q = CV \quad [\text{C}] \tag{3.1}$$

ここで，比例定数 C を**静電容量**（capacitance）といい，[C/V]=[F]（ファラド，Farad）の単位で表す†。

---

† 通常は，μF$=10^{-6}$ F（マイクロ・ファラド）またはpF$=10^{-12}$ F（ピコ・ファラド）がしばしば使われる（μ，p については，巻末の付表の表A.2 単位の接頭記号を参照のこと）。

3. 真空中の導体系と静電容量

電圧 V が一定ならば，蓄えられる電荷 Q は静電容量 C に比例して大きくなる。

電荷を一時的に蓄える目的で作られたものを**コンデンサ**（condenser）または**キャパシタ**（capacitor）といい，電気回路の重要な部品の一つである。コンデンサに電圧を加えると，図 3.2(a) の端子 a から電荷 Q が一方の導体に流れ込み，端子 b から電荷 Q が流れ出す結果，端子 b に接続されている導体には $-Q$ が蓄えられる。この状態が，コンデンサに電荷 Q が蓄えられている状態であり，コンデンサに電荷を蓄えることを**充電**（charge）という。また，図(b)において，端子 ab を導線で短絡すると，電荷 Q は導線を通って端子 a から b へ流れ，コンデンサに蓄積されていた電荷はなくなる。これを**放電**（discharge）という。

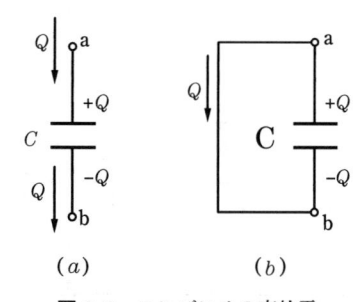

図 3.2　コンデンサの充放電

【例題 3.1】　図 3.3 に示すような，面積 S [m^2] の 2 枚の導体板が間隔 d [m] で平行に置かれているとき，この平行平板コンデンサの静電容量を計算せ

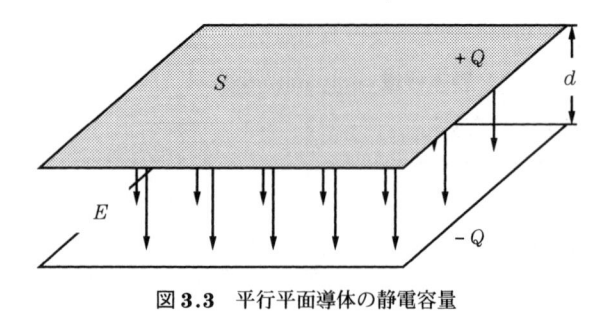

図 3.3　平行平面導体の静電容量

よ。

解答 電荷 Q [C] を蓄えるとき，導体板はそれぞれ $+Q$ と $-Q$ に帯電する。導体板の電荷密度は $\sigma = Q/S$ [C/m^2] であるので，導体板の間の電界は式(3.2)で与えられる。

$$E = \frac{\sigma}{\varepsilon_0} = \frac{Q}{\varepsilon_0 S} \quad [\text{V/m}] \tag{3.2}$$

したがって，導体板の間の電圧は $V = Ed$ [V] から，静電容量は

$$C = \frac{Q}{V} = \frac{\varepsilon_0 S}{d} \quad [\text{F}] \tag{3.3}$$

となる。

【例題 3.2】 図 3.4 に示すような同心導体球の静電容量を計算せよ。

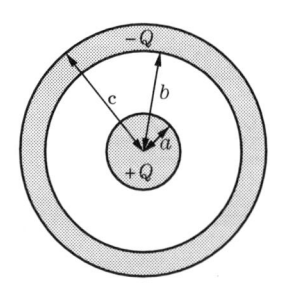

図 3.4 同心導体球の静電容量

解答 例題 2.13 において，$Q_1 = Q$, $Q_2 = -Q$ と置くと，外側の導体球の電位は，式(2.42 b)より $V_2 = 0$ であるので，両導体球の間の電圧は内側の導体球の電位に等しく，式(2.42 d)より得られる。

$$V = \frac{Q}{4\pi\varepsilon_0}\left(\frac{1}{a} - \frac{1}{b}\right) \quad [\text{V}] \tag{3.4}$$

したがって，静電容量は式(3.5)で与えられる。

$$C = \frac{Q}{V} = \frac{4\pi\varepsilon_0}{\dfrac{1}{a} - \dfrac{1}{b}} \quad [\text{F}] \tag{3.5}$$

いま，外側の導体球の半径を無限に大きくすることを考える。これは，内側の導体球が 1 個だけ孤立して存在することに相当する。このように孤立した半

径 a [m] の導体球の静電容量は，式(3.5)において $b \to \infty$ とすることにより得られる。

$$C = 4\pi\varepsilon_0 a \quad [\text{F}] \tag{3.6}$$

3.2 コンデンサの接続

3.2.1 並列接続

【例題 3.3】　図 3.5 に示すように，3 個のコンデンサを並列に接続したときの合成静電容量を計算せよ。

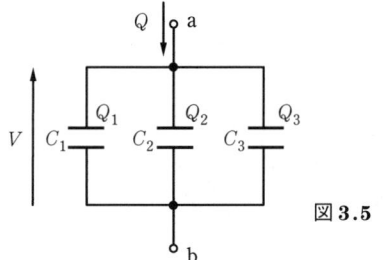

図 3.5　コンデンサの並列接続

【解答】　並列接続の場合，すべてのコンデンサに等しい電圧 V [V] が加わる。このとき，それぞれのコンデンサに蓄えられる電荷の大きさは

$$Q_1 = C_1 V, \quad Q_2 = C_2 V, \quad Q_3 = C_3 V \quad [\text{C}] \tag{3.7}$$

となる。充電されている電荷の総量は $Q = Q_1 + Q_2 + Q_3$ [C] であるから，合成静電容量は式(3.8)で表される。

$$C = \frac{Q}{V} = \frac{C_1 V + C_2 V + C_3 V}{V} = C_1 + C_2 + C_3 \quad [\text{F}] \tag{3.8}$$

3.2.2 直列接続

【例題 3.4】　図 3.6 に示すように，3 個のコンデンサを直列に接続したときの合成静電容量を計算せよ。

図3.6 コンデンサの直列接続

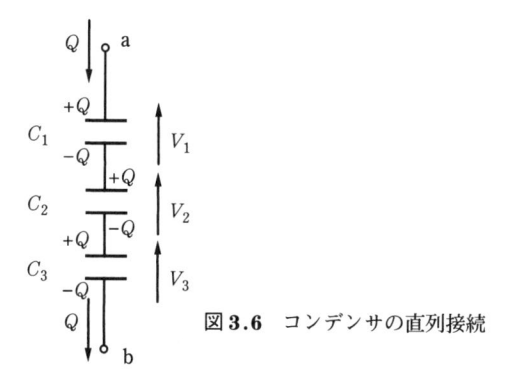

解答 直列接続の場合，充電する電荷 Q [C] が端子 ab 間を流れるとき，すべてのコンデンサに等しい電荷 Q が蓄えられる。このとき，それぞれのコンデンサの電圧は

$$V_1 = \frac{Q}{C_1}, \quad V_2 = \frac{Q}{C_2}, \quad V_3 = \frac{Q}{C_3} \quad [\text{V}] \tag{3.9}$$

となり，ab 間の電圧は $V = V_1 + V_2 + V_3$ [V] である。一方，直列に接続された3個のコンデンサを1個のコンデンサと見なすとき，蓄積されている電荷は Q であって $3Q$ ではない。したがって，合成静電容量は式(3.10)で表される。

$$C = \frac{Q}{V} = \frac{Q}{\frac{Q}{C_1} + \frac{Q}{C_2} + \frac{Q}{C_3}} = \frac{1}{\frac{1}{C_1} + \frac{1}{C_2} + \frac{1}{C_3}} \quad [\text{F}] \tag{3.10}$$

または

$$\frac{1}{C} = \frac{1}{C_1} + \frac{1}{C_2} + \frac{1}{C_3} \quad [1/\text{F}] \tag{3.11}$$

3.3 コンデンサに蓄えられるエネルギー

コンデンサは電荷を蓄えると同時に電気エネルギーも蓄えている。

【例題 3.5】 電荷の蓄積されていない静電容量が C [F] のコンデンサに，電荷 Q [C] を充電するために必要なエネルギーを計算せよ。

[解答] 図3.7に示すように，微小量の電荷 dq [C] を陰極から陽極に繰り返し運ぶことにより，コンデンサに Q [C] の電荷を蓄積することを考える。この場合，コンデンサの電荷 q が増えるにしたがって，コンデンサの電極間の電圧 v が高くなる。式(3.1)より

$$v = \frac{q}{C} \quad [\text{V}] \tag{3.12}$$

dq を陰極から陽極に運ぶことは，dq を電位が v だけ高いところへ運ぶことになるので，そのためには式(3.13)で表されるエネルギーを要する。

$$dW_e = vdq \quad [\text{J}] \tag{3.13}$$

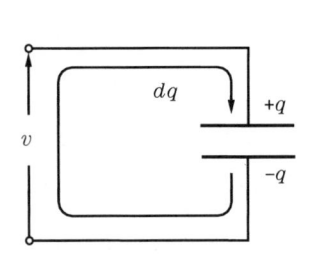

図3.7 コンデンサに蓄えるエネルギー

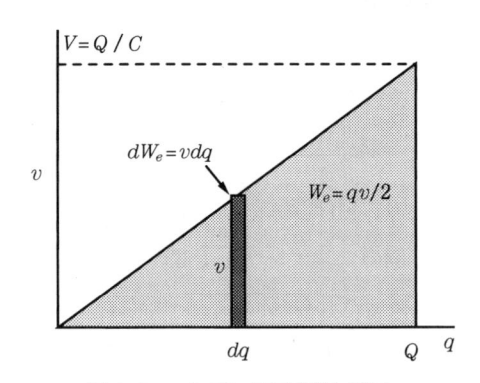

図3.8 コンデンサの電荷と電圧，エネルギーの関係

図3.8に，コンデンサに蓄積された電荷 q と電圧 v との関係を示す。式(3.13)で表されるエネルギーは，図においては高さ v，幅 dq の長方形の面積である。dq が非常に小さいならば（そのかわりに，運ぶ回数が非常に大きい），$q=0$ から始めて $q=Q$（電圧が $V=Q/C$）になるまで電荷を運び続けるのに必要なエネルギーは，図の網掛けで示す三角形の面積と等しくなるので，つぎのようになる[†]。

[†] 以上の考えを積分を用いて表すと，つぎのようになる。

$$W_e = \int_0^Q vdq = \int_0^Q \frac{q}{C}dq = \frac{Q^2}{2C}$$

---- コンデンサに蓄えられるエネルギー ----

$$W_e = \frac{1}{2}QV = \frac{Q^2}{2C} = \frac{1}{2}CV^2 \quad [\text{J}] \tag{3.14}$$

3.4 静電容量の計算

3.1節において，平行平板コンデンサと同心導体球の静電容量を計算した。ここでは，さらに同軸ケーブルおよび平行2線の静電容量を計算する。本節では，電圧の計算に積分を用いるが，その他の考え方は3.1節における場合と同じである。

【例題 3.6】 図3.9に示すような，十分長い同軸円柱の1m当りの静電容量を計算せよ。ただし，内側の導体の半径は a [m]，外側の導体の内半径は b [m] で，内外の導体の間は真空であるとする。

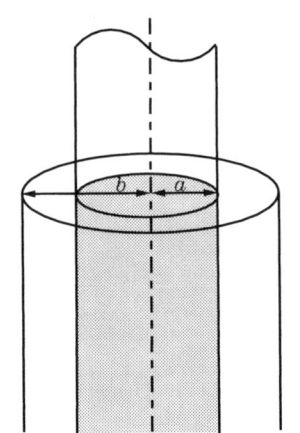

図3.9 同軸ケーブル

【解答】 内外の導体の1m当りの電荷をそれぞれ $+Q$，$-Q$ [C/m] とし，内外の導体の間の電圧を計算する。中心軸から r [m] のところの電界は

$$E = \frac{Q}{2\pi\varepsilon_0 r} \quad [\text{V/m}] \tag{3.15}$$

であるから，電圧は式(3.16)のようになる．

$$V = \int_b^a -\frac{Q}{2\pi\varepsilon_0 r} dr = \frac{Q}{2\pi\varepsilon_0} \ln\frac{b}{a} \quad [\text{V}] \tag{3.16}$$

したがって，同軸ケーブルの1m当りの静電容量は式(3.17)で得られる．

$$C = \frac{Q}{V} = \frac{2\pi\varepsilon_0}{\ln\frac{b}{a}} \quad [\text{F/m}] \tag{3.17}$$

【例題 3.7】 図3.10に示すような，平行な2本の導線の1m当りの静電容量を計算せよ．ただし，導線の半径は a [m]，間隔は D [m] である．

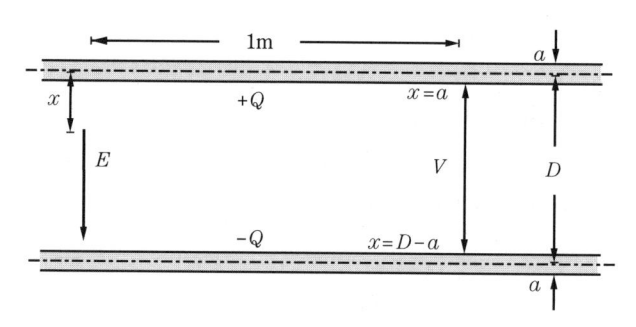

図3.10 平行な導線の静電容量

[解 答] 2本の導線の1m当りの電荷をそれぞれ $+Q$, $-Q$ [C/m] とし，導線の間の電圧を計算する．一方の導線の中心軸から x [m] のところの電界は

$$E = \frac{Q}{2\pi\varepsilon_0 x} + \frac{Q}{2\pi\varepsilon_0 (D-x)} \quad [\text{V/m}] \tag{3.18}$$

であるから，電圧は式(3.19)のようになる．

$$V = \int_{D-a}^{a} -\frac{Q}{2\pi\varepsilon_0}\left(\frac{1}{x} + \frac{1}{D-x}\right)dx = \frac{Q}{\pi\varepsilon_0} \ln\frac{D-a}{a} \quad [\text{V}] \tag{3.19}$$

したがって，2本の導線の1m当りの静電容量は式(3.20)で得られる．

$$C = \frac{Q}{V} = \frac{\pi\varepsilon_0}{\ln\frac{D-a}{a}} \quad [\text{F/m}] \tag{3.20}$$

3.5 電 位 係 数

真空中に N 個の導体があるとき，その中のある導体に電荷を与えると，その導体の電位が変化すると同時に，静電誘導によって他の導体の電位も変化する。したがってそれぞれの導体の電位は，他のすべての導体の電荷によって変化する。

---- 電位係数の定義 ----

i 番目の導体の電位 V_i は式(3.21)のように表すことができる。

$$V_i = \sum_{j=1}^{N} p_{ij} Q_j \quad [\text{V}] \tag{3.21}$$

ここで，Q_j は j 番目の導体の電荷，p_{ij} は**電位係数**（coefficient of potential）と呼ばれる定数で，単位は $[\text{V/C}]=[\text{F}^{-1}]$ を用いる。

それぞれの導体の電荷 Q_j による V_i に対する影響の程度は p_{ij} によって決まる。p_{ij} は，導体の形，大きさ，位置によって決まる定数であり，つねに $p_{ij}=p_{ji}$ である。

【例題 3.8】 図 3.11 に示すような同心導体球の電位係数を計算せよ。

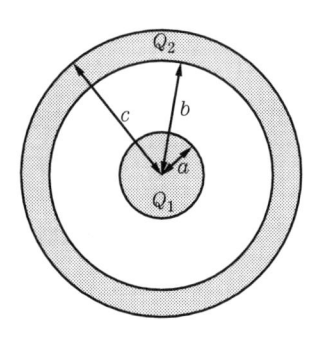

図 3.11 同 心 導 体 球

解答 内外の導体球に Q_1，Q_2[C] の電荷を与えたときの，それぞれの導体球の電位 V_1，V_2 は，例題 2.13 の式(2.42 d)，(2.42 b)から得られている。

$$V_1 = \frac{Q_1}{4\pi\varepsilon_0 a} + \frac{-Q_1}{4\pi\varepsilon_0 b} + \frac{Q_1 + Q_2}{4\pi\varepsilon_0 c}$$

$$= \frac{1}{4\pi\varepsilon_0}\left(\frac{1}{a} - \frac{1}{b} + \frac{1}{c}\right)Q_1 + \frac{Q_2}{4\pi\varepsilon_0 c} \quad [\text{V}] \tag{3.22}$$

$$V_2 = \frac{Q_1 + Q_2}{4\pi\varepsilon_0 c} \quad [\text{V}] \tag{3.23}$$

したがって，電位係数は，式(3.21)と比較することにより

$$p_{11} = \frac{1}{4\pi\varepsilon_0}\left(\frac{1}{a} - \frac{1}{b} + \frac{1}{c}\right) \quad [\text{F}^{-1}] \tag{3.24 a}$$

$$p_{12} = p_{21} = \frac{1}{4\pi\varepsilon_0 c} \quad [\text{F}^{-1}] \tag{3.24 b}$$

$$p_{22} = \frac{1}{4\pi\varepsilon_0 c} \quad [\text{F}^{-1}] \tag{3.24 c}$$

が得られる。

3.6 容量係数と誘導係数

前節では，それぞれの導体の電位を各導体の持つ電荷の大きさで表す場合について述べたが，反対に，それぞれの導体の電荷の大きさを各導体の電位で表すことを考える。

容量係数と誘導係数の定義

i 番目の導体の電荷 Q_i を式(3.25)のように表すことができる。

$$Q_i = \sum_{j=1}^{N} q_{ij} V_j \quad [\text{C}] \tag{3.25}$$

ここで，V_j は j 番目の導体の電荷，q_{ii} を**容量係数**，$q_{ij}(i \neq j)$ を**誘導係数**という。単位は，静電容量と同じく〔F〕（ファラド）を用いる。

式(3.25)は，式(3.21)を Q_i が未知数である連立方程式として解くことによって得ることもできる。したがって，容量係数，誘導係数を要素とする行列と電位係数を要素とする行列はたがいに逆行列の関係にあるので，式(3.26)が成

り立つ。

$$q_{ij} = \frac{\Delta_{ij}}{\Delta} \quad [\mathrm{F}] \tag{3.26}$$

ここで

$$\Delta = \begin{vmatrix} p_{11} & p_{12} & \cdots & p_{1N} \\ p_{21} & p_{22} & \cdots & p_{2N} \\ \cdots & \cdots & \cdots & \cdots \\ p_{N1} & p_{N2} & \cdots & p_{NN} \end{vmatrix} \tag{3.27}$$

Δ_{ij} は Δ の i 行 j 列要素に対する余因数である。

【例題 3.9】 図 3.11 に示すような同心導体球の容量係数および誘導係数を計算せよ。

[解答] 内外の導体球の電位が V_1, V_2 [V] のときの, それぞれの導体球の電荷は, 式(3.22), (3.23)を連立方程式として解くことにより得られる。

$$Q_1 = \frac{4\pi\varepsilon_0 ab}{b-a}(V_1 - V_2) \quad [\mathrm{C}] \tag{3.28}$$

$$Q_2 = -\frac{4\pi\varepsilon_0 ab}{b-a}V_1 + \frac{4\pi\varepsilon_0(ab+bc-ca)}{b-a}V_2 \quad [\mathrm{C}] \tag{3.29}$$

したがって, 容量係数および誘導係数は, 式(3.25)と比較することにより

$$q_{11} = \frac{4\pi\varepsilon_0 ab}{b-a} \quad [\mathrm{F}] \tag{3.30 a}$$

$$q_{22} = \frac{4\pi\varepsilon_0(ab+bc-ca)}{b-a} \quad [\mathrm{F}] \tag{3.30 b}$$

$$q_{12} = q_{21} = -\frac{4\pi\varepsilon_0 ab}{b-a} \quad [\mathrm{F}] \tag{3.31}$$

が得られる。

演習問題

【問 3.1】 100 cm² の 2 枚の金属板で平行平板コンデンサを作ったところ, 静電容

量が 150 pF であった。

 （1）このコンデンサに 200 V の電圧を加えるとき，蓄えられる電荷を計算せよ。

 （2）金属板の間隔を計算せよ。

【問 3.2】 地球（導体）の静電容量を計算せよ。ただし，地球の半径は 6.4×10^6 m である。

【問 3.3】 面積 S [m²]，間隔 d [m] の平行平板コンデンサの電極の間に，厚さ t [m] の導体板を電極と平行に挿入するとき，コンデンサの静電容量を計算せよ。

【問 3.4】 $C_1 = 0.1\,\mu\text{F}$ と $C_2 = 0.2\,\mu\text{F}$ のコンデンサを並列接続した場合と直列接続した場合の合成静電容量 C を，それぞれ計算せよ。

【問 3.5】 前問において，10 V の電圧を加えたとき，個々のコンデンサに蓄えられているエネルギーの総和が，合成静電容量に 10 V を乗じた値になることを確かめよ。

【問 3.6】 静電容量が C_1，C_2 [F] の 2 個のコンデンサを，それぞれ V_1，V_2 [V] で充電した。

 （1）これらを並列に接続した後の電圧を計算せよ。

 （2）並列に接続する前と後の，コンデンサに蓄えられている総エネルギーの差を計算せよ。

【問 3.7】 図 3.12 において，$C_1 = 5\,\mu\text{F}$，$C_2 = 0.3\,\mu\text{F}$ である。端子 A，B 間に 500 V の電圧を加えたとき，C_3 の電圧が 450 V になるようにしたい。C_3 の値を計算せよ。

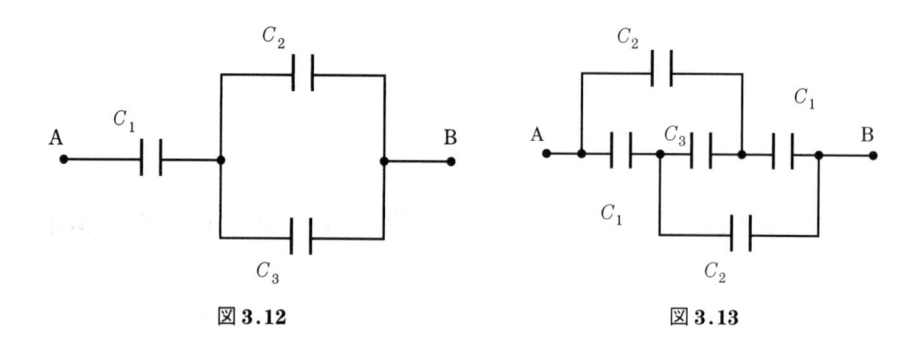

図 3.12　　　　　図 3.13

演習問題

【問 3.8】 コンデンサが図 3.13 に示すように接続されているときの合成静電容量を計算せよ。

【問 3.9】 図 3.12 において $C_1=5\,\mu\mathrm{F}$, $C_2=3\,\mu\mathrm{F}$, $C_3=7\,\mu\mathrm{F}$ である場合，端子 A，B間に 60 V の電圧を加えたとき，C_3 に蓄えられる電荷を計算せよ。

【問 3.10】 電圧が $U_1=15\mathrm{V}$, $U_2=6\mathrm{V}$ の電池と静電容量が $C_1=1\,\mu\mathrm{F}$, $C_2=2\,\mu\mathrm{F}$, $C_3=3\,\mu\mathrm{F}$ のコンデンサが図 3.14 のように接続されている。最初は，すべてのコンデンサに電荷が蓄えられておらず，スイッチ SW_1, SW_2 が開いた状態である。

(1) SW_1 だけを閉じたとき，それぞれのコンデンサに蓄えられる電荷を計算せよ。

(2) つぎに，SW_1 を開いてから，SW_2 を閉じたとき，それぞれのコンデンサに蓄えられる電荷を計算せよ。

(3) さらに再び SW_1 を閉じたとき，それぞれのコンデンサに蓄えられる電荷を計算せよ。

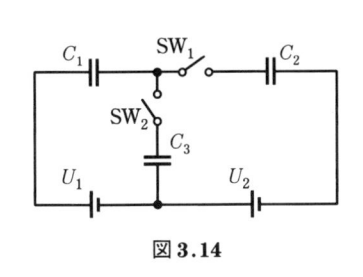

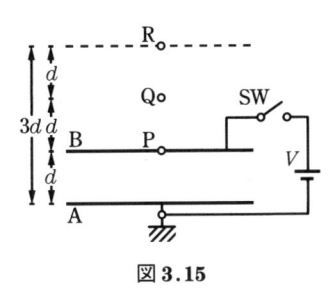

図 3.14

図 3.15

【問 3.11】 図 3.15 のように 2 枚の電極 A，B を間隔 $d\,[\mathrm{m}]$ で平行に向かい合わせて，最初にスイッチ SW を閉じて，電圧 $V\,[\mathrm{V}]$ の電池と接続する。

(1) 電極の間の電界を計算せよ。

(2) スイッチ SW を開いて，電極 B を点 R まで移動するとき，電極 A，B の間の電圧を計算せよ。

(3) つぎに，電極と同じ面積，厚さ $d\,[\mathrm{m}]$ の導体板を，電極と平行に PQ の間に挿入するとき，電極 A，B の間の電圧を計算せよ。

4 誘電体

4.1 誘電体と誘電率

コンデンサの電極の間をガラスのような絶縁体で満たすと，真空の場合よりも静電容量が大きくなる。

比誘電率の定義

真空の場合と絶縁体を挿入したときの静電容量を，それぞれ C_0, C [F] とするとき，その比

$$\varepsilon_r = \frac{C}{C_0} \tag{4.1}$$

を**比誘電率**(relative dielectric constant, relative permittivity) という。

比誘電率は絶縁体の種類によって決まる定数である。絶縁体を，本章でこれから学ぶことがらに関する現象の観点に立って考えるとき，**誘電体**(dielectric) と呼ぶ。種々の誘電体の比誘電率を**表4.1**に示す。

表4.1 比誘電率

物 質	ε_r
空 気	1.000 5
水	80
ガラス	6〜8
紙	1.5〜4.0
天然ゴム	2.3〜2.5
ポリエチレン	2.3
ポリスチロール	2.5〜2.6

図4.1に示すような，比誘電率 ε_r，面積 S [m^2]，厚さ t [m] の誘電体を同じ面積の2枚の電極ではさんだ平行平板コンデンサの静電容量は，式(4.1)より誘電体をはさまない同じ寸法のコンデンサの静電容量の ε_r 倍であるから，式(3.3)を用いて

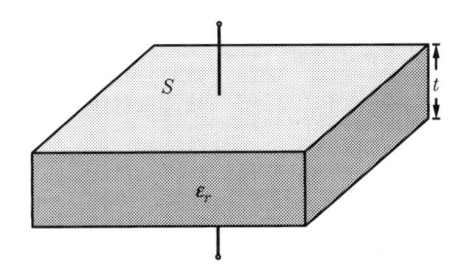

図4.1　誘電体を含む平行平板コンデンサ

$$C = \varepsilon_r \frac{\varepsilon_0 S}{t} = \frac{\varepsilon_0 \varepsilon_r S}{t} = \frac{\varepsilon S}{t} \quad [\text{F}] \tag{4.2}$$

となる。ここで，ε はつぎのように定義される。

---- **誘電率の定義** ----

$$\varepsilon = \varepsilon_0 \varepsilon_r \quad [\text{F/m}] \tag{4.3}$$

は，誘電体の**誘電率**（dielectric constant または permittivity）と呼ぶ。

真空の場合は $\varepsilon_r = 1$ なので，誘電率は ε_0 に等しく，このことから，ε_0 は**真空の誘電率**といわれる。

4.2　電気双極子と分極

図4.2に示すように，同じ大きさで符号が反対の電荷 Q [C] が x [m] 離れて位置しているものを**電気双極子**（electric dipole）という。そして，電気双極子の大きさはつぎの**電気双極子モーメント**で表される。

64   4. 誘　電　体

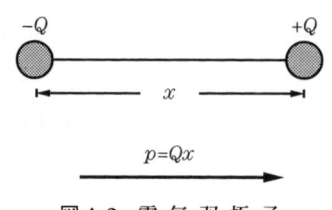

図 4.2　電 気 双 極 子

---- 電気双極子モーメントの定義 ----

電気双極子能率（電気双極子モーメント）（electric dipole moment）は

$$p = Qx \quad [\text{C·m}] \tag{4.4}$$

の大きさで，負電荷から正電荷に向かう方向を持つベクトル量である。

誘電体に電界を加えると正電荷と負電荷の位置が相対的に変化し[†]，図 4.3 (a) のように誘電体を構成する原子が電気双極子となる。このとき，誘電体の内部では隣り合った原子の正と負の電荷が打ち消し合うので，図 (b) のように誘電体の内部に電荷が現れないが，表面には電荷が現れる。このことを，**分極** (polarization) といい，分極によって現れた電荷を**分極電荷**という。

いま，誘電体を上下に 2 分すると，図 (c) のように上の誘電体ブロックの底

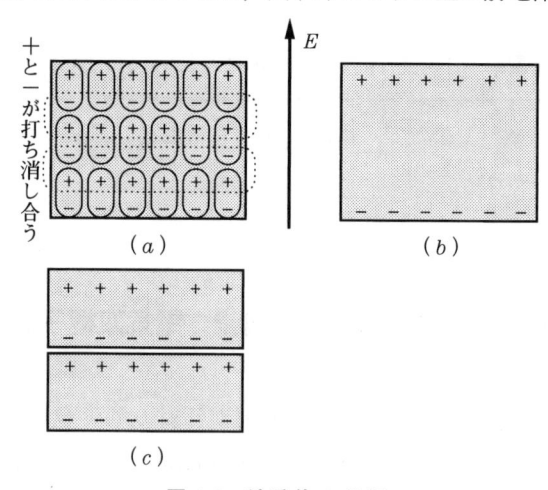

図 4.3　誘電体の分極

[†] 例えば，演習問題 2.11 のように，原子核と電子雲の位置の相対的な変化（図 2.37 参照）によるものもある。

面には負電荷，下のブロックの上面には正電荷が現れることは明白であろう．分極は誘電体の表面だけで起きる現象ではなく，誘電体のすべての部分が関与している．分極の大きさはつぎのように，$1\,\mathrm{m}^3$ 当りの双極子モーメントであると定義される．

---- 分極の定義 ----

体積が $v\,[\mathrm{m}^3]$ の誘電体の電気双極子モーメントが $p\,[\mathrm{C\cdot m}]$ であるとき，分極の強さ（大きさ）は式(4.5)で定義される．

$$P = \frac{p}{v} \quad [\mathrm{C/m^2}] \tag{4.5}$$

分極は双極子モーメントと同じ方向のベクトル量である．

【例題 4.1】 図4.1のような面積 $S\,[\mathrm{m}^2]$，厚さ $t\,[\mathrm{m}]$ の誘電体の表面の分極電荷の密度が $\sigma_p\,[\mathrm{C/m^2}]$ であるとき，この誘電体の双極子モーメントおよび分極の大きさを計算せよ．

解答 端面に現れた電荷の大きさは $Q = \sigma_p S\,[\mathrm{C}]$，正負の電荷の距離は厚さ t に等しいので，双極子モーメントは式(4.4)の定義より

$$p = Qt = \sigma_p S t \quad [\mathrm{C\cdot m}] \tag{4.6}$$

となる．分極の大きさは，式(4.5)より，双極子モーメントを誘電体の体積 $v = St\,[\mathrm{m}^3]$ で割ることにより得られる．

$$P = \frac{p}{St} = \sigma_p \quad [\mathrm{C/m^2}] \tag{4.7}$$

分極の方向が面と垂直なとき，式(4.7)に示されるように，分極電荷の密度は分極の大きさと等しい．

4.3 分極と電束密度

図4.4に示すように，比誘電率が ε_r の誘電体を電極ではさんで平行平板コ

ンデンサを作り,電界 E [V/m] を加えたときの,電極の電荷(**真電荷**[†1])と**分極電荷**の密度をそれぞれ σ_i, σ_p [C/m²] とする.このとき,真電荷から生じた電気力線の一部は分極電荷に吸い込まれ,その残りが誘電体の中を反対の電極に向かう.したがって,誘電体の中の 1 m² 当りの電気力線の数(電界)を考えると,つぎの関係式(4.8)が成り立つ[†2].

$$E = \frac{\sigma_i - \sigma_p}{\varepsilon_0} \quad [\text{V/m}] \tag{4.8}$$

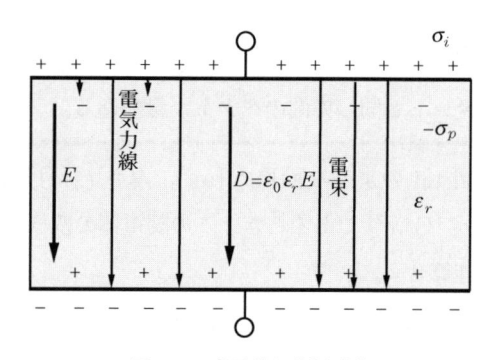

図 4.4 真電荷と分極電荷

このとき,コンデンサに蓄えられている電荷は真電荷だけであって,分極電荷は関係ない.その理由は,分極電荷は電極を通過して導線の中を移動することができないからである.結局,分極電荷は電界および電極の間の電圧を $1/\varepsilon_r$ に下げ,その結果として静電容量を大きくする役割を果たしている.

誘電体がないときに比べて,同じ電界(電圧)ならば蓄えられる電荷が ε_r 倍であるので,つぎの関係式(4.9)も成り立つ.

$$\sigma_i = \varepsilon_r \varepsilon_0 E \quad [\text{C/m}^2] \tag{4.9}$$

式(4.7)および式(4.8)から,つぎの関係式(4.10)が導かれる.

[†1] 4.2節の説明からも明らかなように,分極電荷は誘電体から電極に移ることはできない.このことから分極電荷と区別するために,電極の電荷を真電荷という.

[†2] 分母は ε_0 であって ε ではない.誘電体の中では,分極電荷によって電界が減少するのであるが,ε を用いるとき分極電荷を意識しない.したがって,ε と分極電荷の両方を同時に用いると,分極電荷の影響を二重に含めることになる.式(4.9)と混同しないよう注意が必要.

分極と電界，誘電率の関係

$$P = \sigma_p = \varepsilon_0(\varepsilon_r - 1)E \quad [\text{C/m}^2] \tag{4.10}$$

電界（電気力線）は，真電荷と分極電荷を区別しない。そこで，真電荷だけと直接関係のある**電束**（electric flux）を用いると，分極電荷を意識せずに誘電体の中の電界を考えることができる。

電束の性質

（1） 電束は電気力線と同様に正の電荷から生じ，負電荷で終わる。しかし，電束を生じるのは真電荷だけで，分極電荷は無関係である。

（2） 電束は真電荷の1Cから1本生じる。

（3） 電束についても2.4節で学んだガウスの法則が成立する。ただし，電束に関係するのは真電荷だけである。

（4） $1\,\text{m}^2$ 当りの電束の数を**電束密度**（electric flux density, electric displacement）といい，単位は $[\text{C/m}^2]$ である。

図4.4において，電極の $1\,\text{m}^2$ にある電荷が $\sigma_i\,[\text{C/m}^2]$ であるから，$1\,\text{m}^2$ 当りの電束の数（電束密度）D も σ_i に等しい。したがって，式(4.9)から電束密度に関するつぎの重要な関係式(4.11)が得られる。

電束密度と電界，分極，誘電率の関係

$$D = \sigma_i = \varepsilon_0 \varepsilon_r E \quad [\text{C/m}^2] \tag{4.11}$$

また，式(4.10)，(4.11)から，つぎの関係式(4.12)も得られる。

$$D = \varepsilon_0 E + P \quad [\text{C/m}^2] \tag{4.12}$$

【例題 4.2】 誘電率が $\varepsilon\,[\text{F/m}]$，面積 $S\,[\text{m}^2]$，厚さ $t\,[\text{m}]$ の誘電体で作った平行平板コンデンサの中の電界が $E\,[\text{V/m}]$ であるとき，コンデンサに蓄えられる電荷，電圧を計算せよ。

解答 電極の電荷密度は電束密度に等しいので，蓄積されている電荷は

$$Q = \sigma_i S = DS = \varepsilon E S \quad [\text{C}] \tag{4.13}$$

である。また，電圧は

$$V = Et \quad [\text{V}] \tag{4.14}$$

である。したがって，静電容量は

$$C = \frac{Q}{V} = \frac{\varepsilon S}{t} \quad [\text{F}] \tag{4.15}$$

となり，式(4.2)と一致する。

【例題 4.3】 誘電率が ε [F/m] の誘電体の中に置かれた半径 a [m] の導体球が電荷 Q [C] で帯電しているとき，中心から r [m] のところの電界を計算せよ。また，この位置に電荷 q [C] を置いたとき，働く力を計算せよ。

[解 答] この球から生じる電束は Q 本であるから，中心から r のところの電束密度は，ガウスの法則により

$$D = \frac{Q}{4\pi r^2} \quad [\text{C/m}^2] \tag{4.16}$$

である。したがって，電界は式(4.11)より

$$E = \frac{Q}{4\pi\varepsilon r^2} \quad [\text{V/m}] \tag{4.17}$$

となる。よって，力は式(4.18)で表される。

$$F = qE = \frac{qQ}{4\pi\varepsilon r^2} \quad [\text{N}] \tag{4.18}$$

このように，誘電体の中では，電界もクーロン力も $1/\varepsilon_r$ に小さくなる。

2.3節において，真空中では1Cの電荷から $1/\varepsilon_0$ の電気力線が発生するとしたが，誘電体の中では図 4.5 に示すように，電気力線の一部が分極電荷に吸い

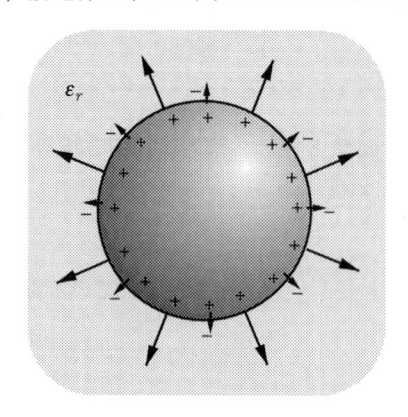

電荷から出た電気力線の一部は誘電体の表面の分極電荷に吸収され，$1/\varepsilon_r$ に減少する。

図 4.5 誘電体の中の帯電導体球

4.4 誘電体の境界面における電界および電束密度の条件

込まれるので，つぎのように考えられる†。

---- **誘電体の中における電気力線の性質** ----

1 C の電荷から $1/\varepsilon$ 本の電気力線が発生する。

4.4 誘電体の境界面における電界および電束密度の条件

【例題 4.4】 図 4.6 に示すように，誘電率が ε_1，ε_2 [F/m]，厚さ t_1，t_2 [m] の 2 種類の誘電体を，面積 S [m²] の電極ではさんで平行平板コンデンサを作り，電荷 Q [C] を蓄えたとき，それぞれの誘電体の中の電界と電束密度，さらに，このコンデンサの静電容量を計算せよ。

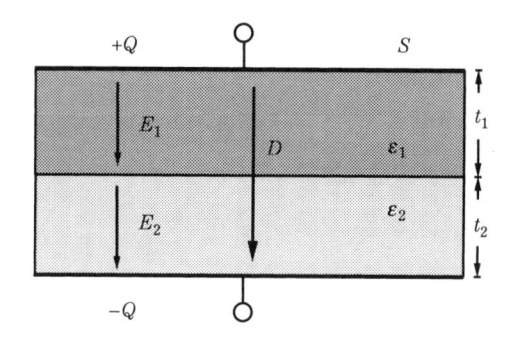

図 4.6 電界が誘電体の境界面と垂直な場合

解 答 この場合，電束密度は誘電体の表面の分極電荷の影響を受けないので，いずれの誘電体でも同じ大きさであり，真電荷の密度に等しい。

$$D = \sigma_i = \frac{Q}{S} \quad [C/m^2] \tag{4.19}$$

したがって，それぞれの誘電体の中の電界は，式 (4.20 a)，(4.20 b) で表される。

---

† 誘電率による電気力線の減少を考えるときには，分極電荷を考えてはいけない。4.3 節脚注参照。

$$E_1 = \frac{D}{\varepsilon_1} = \frac{Q}{\varepsilon_1 S} \quad [\text{V/m}] \tag{4.20 a}$$

$$E_2 = \frac{D}{\varepsilon_2} = \frac{Q}{\varepsilon_2 S} \quad [\text{V/m}] \tag{4.20 b}$$

これらの式より，電圧は

$$V = E_1 t_1 + E_2 t_2 = \frac{Q}{S}\left(\frac{t_1}{\varepsilon_1} + \frac{t_2}{\varepsilon_2}\right) \quad [\text{V}] \tag{4.21}$$

であるから，静電容量は

$$C = \frac{Q}{V} = \frac{S}{\left(\dfrac{t_1}{\varepsilon_1} + \dfrac{t_2}{\varepsilon_2}\right)} = \frac{1}{\dfrac{1}{C_1} + \dfrac{1}{C_2}} \quad [\text{F}] \tag{4.22}$$

となる。C_1，C_2 は，ε_1，ε_2 の誘電体に電極を付けてコンデンサを作ったときの，それぞれの静電容量である。式(3.10)と比較すると，C は C_1，C_2 を直列に接続したときの合成静電容量に等しくなる。

【例題 4.5】 図 4.7 に示すように，厚さ t [m]，誘電率が ε_1，ε_2 [F/m]，面積 S_1，S_2 [m^2] の 2 種類の誘電体を，電極ではさんで平行平板コンデンサを作り，電圧 V [V] を加えたとき，それぞれの誘電体の中の電界と電束密度，さらに，このコンデンサの静電容量を計算せよ。

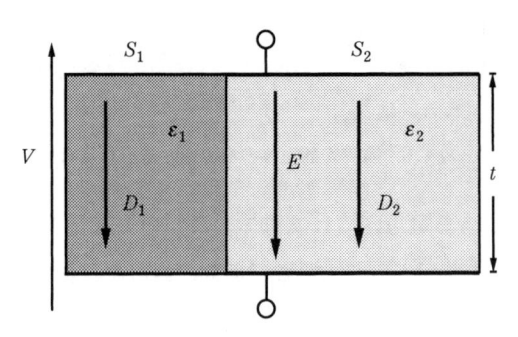

図 4.7 電界が誘電体の境界面と平行な場合

【解答】 この場合は，どちらの誘電体に加わる電圧も等しいので，電界も等しく

$$E = \frac{V}{t} \quad [\text{V/m}] \tag{4.23}$$

となる。したがって，電束密度は

$$D_1 = \varepsilon_1 E = \varepsilon_1 \frac{V}{t} \quad [\text{C/m}^2] \tag{4.24 a}$$

$$D_2 = \varepsilon_2 E = \varepsilon_2 \frac{V}{t} \quad [\text{C/m}^2] \tag{4.24 b}$$

となる。

真電荷の密度は，電束密度に等しいから，コンデンサに蓄えられる電荷は

$$Q = D_1 S_1 + D_2 S_2 = (\varepsilon_1 S_1 + \varepsilon_2 S_2) \frac{V}{t} \quad [\text{C}] \tag{4.25}$$

となるので，静電容量は

$$C = \frac{Q}{V} = \frac{\varepsilon_1 S_1 + \varepsilon_2 S_2}{t} = C_1 + C_2 \quad [\text{F}] \tag{4.26}$$

となる。C_1，C_2 は ε_1，ε_2 の誘電体に電極を付けてコンデンサを作ったときの，それぞれの静電容量である。式(3.8)と比較すると，C は C_1，C_2 を並列に接続したときの合成静電容量に等しくなる。

【例題 4.6】 図4.8に示すように，誘電率が ε_1，ε_2 [F/m] の誘電体の境界面において，ε_1 の誘電体の電界の大きさが E_1 [V/m]，角度が θ_1 であるとき，ε_2 の誘電体の中の電界と電束密度を計算せよ。

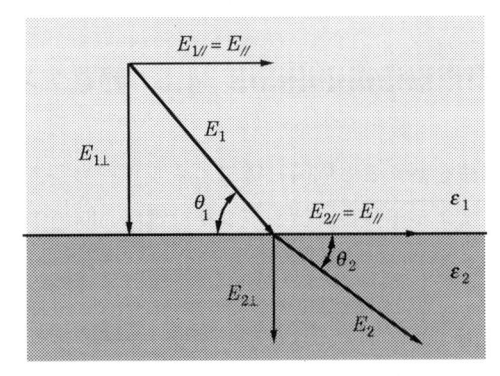

図4.8 誘電体の境界面での電界の条件

【解 答】 電界 E_1 を境界面と平行な成分 $E_{1/\!/}$ と垂直な成分 $E_{1\perp}$ に分けて考える。

$$E_{1/\!/} = E_1 \cos \theta_1 \quad [\text{V/m}] \tag{4.27 a}$$

$$E_{1\perp} = E_1 \sin \theta_1 \quad [\text{V/m}] \tag{4.27 b}$$

境界面の両側で，電界の平行成分が等しい。このことは，例題4.5の場合に相当する。したがって，ε_2の誘電体における電界の平行成分$E_{2/\!/}$は$E_{1/\!/}$と等しい。

$$E_{2/\!/} = E_{1/\!/} = E_1 \cos \theta_1 \quad [\text{V/m}] \tag{4.28}$$

一方，境界面の両側で電束密度の垂直成分が等しい。このことは，例題4.4の場合に相当する。したがって，ε_2の誘電体における電束密度の垂直成分$D_{2\perp}$は$D_{1\perp}$に等しいことから，$E_{2\perp}$を得ることができる。

$$E_{2\perp} = \frac{D_{2\perp}}{\varepsilon_2} = \frac{\varepsilon_1}{\varepsilon_2} E_{1\perp} = \frac{\varepsilon_1}{\varepsilon_2} E_1 \sin \theta_1 \quad [\text{V/m}] \tag{4.29}$$

よって，電界の大きさE_2は

$$E_2 = \sqrt{E_{2/\!/}^2 + E_{2\perp}^2} = E_1 \sqrt{\cos^2 \theta_1 + \left(\frac{\varepsilon_1}{\varepsilon_2} \sin \theta_1\right)^2} \quad [\text{V/m}] \tag{4.30}$$

となり，さらに境界面との角度は式(4.31)のようになる。

$$\theta_2 = \tan^{-1} \frac{E_{2\perp}}{E_{2/\!/}} = \tan^{-1} \frac{\varepsilon_1 \sin \theta_1}{\varepsilon_2 \cos \theta_1} = \tan^{-1}\left(\frac{\varepsilon_1}{\varepsilon_2} \tan \theta_1\right) \tag{4.31}$$

4.5 静電エネルギー

コンデンサは電荷を蓄えると同時に電気エネルギーも蓄えていることは3.3節で述べた。このエネルギーは，コンデンサの電極の間の空間（誘電体）に蓄えられているのである。

【例題 4.7】 図4.9に示すような平行平板コンデンサの電極の間の電界がE[V/m]であるとき，コンデンサに蓄えられているエネルギーを計算せよ。

【解答】 式(3.14)から，コンデンサに蓄えられているエネルギーは

$$W_e = \frac{1}{2} CV^2 \quad [\text{J}] \tag{4.32}$$

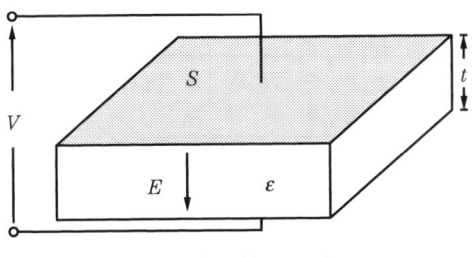

図 4.9 平行平板コンデンサ

である。ここで静電容量は，式(4.2)から

$$C = \frac{\varepsilon S}{t} \quad [\text{F}] \tag{4.33}$$

である。また，電圧は $V = Et$ [V] であることから，式(4.32)は式(4.34)のようになる。

$$W_e = \frac{1}{2}CV^2 = \frac{1}{2}\frac{\varepsilon S}{t}(Et)^2 = \frac{1}{2}\varepsilon E^2 \times tS \quad [\text{J}] \tag{4.34}$$

式(4.34)において，tS は電極にはさまれている誘電体の体積である。したがって，電極の間の空間に蓄えられている 1 m³ 当りの**静電エネルギー**は，式(4.35)で与えられる。

---- **静電エネルギー** ----

$$w_e = \frac{W_e}{tS} = \frac{1}{2}\varepsilon E^2 = \frac{1}{2}\frac{D^2}{\varepsilon} \quad [\text{J/m}^3] \tag{4.35}$$

$D = \varepsilon E$ は誘電体の中の電束密度である。

コンデンサの中に限らず，電界が存在する空間には，1 m³ 当りに式(4.35)で与えられる静電エネルギーがつねに存在する。

4.6 仮想変位法による力の計算

【例題 4.8】 図 4.10 に示すような誘電率 ε [F/m] の誘電体に，面積 S

74   4. 誘　　電　　体

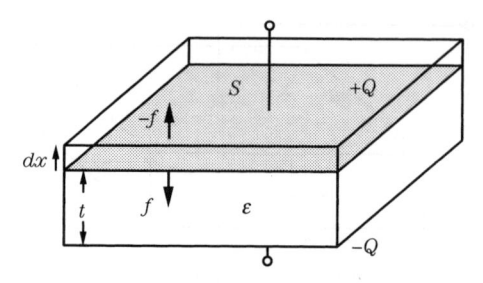

図 4.10 平行平板コンデンサの電極に働く力
（仮想変位法）

$[m^2]$ の電極を付けた平行平板コンデンサに，電荷 Q $[C]$ が蓄積されているとき，電極の間に働く力を計算せよ。

[解　答]　図に示すように，コンデンサの一方の電極を仮想的に dx だけ持ち上げることを考える。このとき，電極にはさまれている空間が大きくなって，コンデンサに蓄えられるエネルギーが増加する。電極の電荷は変わらないとすると†，$1\,m^3$ 当りのエネルギーも変わらないので，エネルギーの増加分は，式 (4.36) で表される。

$$dW = w_e S dx = \frac{1}{2}\varepsilon E^2 S dx \quad [J] \tag{4.36}$$

ここで，$E = Q/\varepsilon S$ である。このエネルギーの増加分 dW は，電極に働く力 f（仮想変位 dx と反対向き）にさからって，電極を dx だけ持ち上げるためにした仕事と等しい（エネルギー保存の法則）。したがって

$$-f dx = dW = \frac{1}{2}\varepsilon E^2 S dx \quad [J] \tag{4.37}$$

の関係が成り立つ。ここで，負の符号は，電極を持ち上げる力の方向が f と反対向きであることによる。**仮想変位法**を用いると，力は式 (4.37) からつぎのように得られる。

---

†　電圧が変わらないと仮定しても同じ結果が得られるが，その場合は，変位 dx により電荷の出入りとともにエネルギーの出入りも考慮する必要がある（例題 4.10 参照）。

仮想変位法による力

$$f = -\frac{dW}{dx} \quad [\text{N}] \tag{4.38}$$

f の値が正ならば力 f は変位 dx と同じ方向，負ならば f と dx は反対方向である。

結局，電極に働く力は式(4.38)から得られる。

$$f = -\frac{dW}{dx} = -\frac{1}{2}\varepsilon E^2 S \quad [\text{N}] \tag{4.39}$$

f は負の値であるから，本題では電極の間に $\varepsilon E^2 S/2\,[\text{N}]$ の引力が働くことを意味する†。

【例題 4.9】 図 4.11 に示すように，誘電体の境界面と垂直に電束密度 D が加えられているとき，境界面の $1\,\text{m}^2$ 当りに働く力を計算せよ。

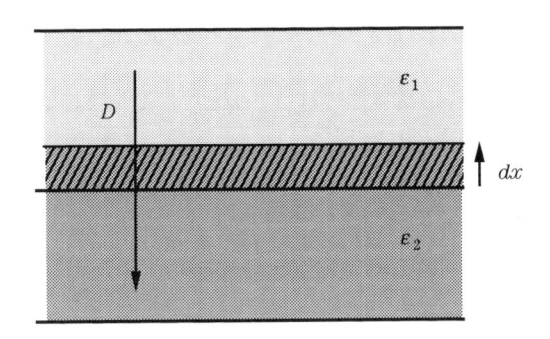

図 4.11 電界と垂直な誘電体の境界面に働く力

解答 境界面が ε_1 の誘電体のほうへ dx だけ仮想的に変位することを考える。このときの境界面の $1\,\text{m}^2$ 当りのエネルギーの変化は，式(4.40)で与えられる。

$$dW = \frac{1}{2}\left(\frac{D^2}{\varepsilon_2} - \frac{D^2}{\varepsilon_1}\right)dx \quad [\text{J}] \tag{4.40}$$

したがって，誘電体の境界面に働く $1\,\text{m}^2$ 当りの力（圧力）は

---

† $f = \varepsilon E^2 S$ ではない。演習問題 2.18 を参照。

76　4. 誘　電　体

$$P = -\frac{dW}{dx} = \frac{1}{2}\left(\frac{1}{\varepsilon_1} - \frac{1}{\varepsilon_2}\right)D^2 \quad [\mathrm{N/m^2}](=[\mathrm{Pa}]) \tag{4.41}$$

である。式(4.41)の結果から，$\varepsilon_2 > \varepsilon_1$ のとき，力と仮想変位の方向が同じである。したがって，D の向きとは無関係に，誘電率の大きい物体が誘電率の小さい物体に引き込まれるような力が働くことがわかる。

【例題 4.10】　図 4.12 に示すように，誘電体の境界面と平行に電界 E が加えられているとき，境界面に働く力を計算せよ。

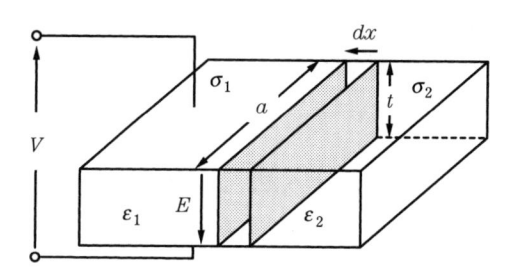

図 4.12　電界と平行な誘電体の境界面に働く力

【解答】　境界面が ε_1 の誘電体のほうへ dx だけ変位することを考える。このときのエネルギーの増加分は

$$dW = \frac{1}{2}(\varepsilon_2 E^2 - \varepsilon_1 E^2)atdx \quad [\mathrm{J}] \tag{4.42}$$

であるが，このとき，外部から電荷 dQ' と同時にエネルギー dW' の流入が起きている。

$$dQ' = (\sigma_2 - \sigma_1)adx = (\varepsilon_2 - \varepsilon_1)Eadx \quad [\mathrm{C}] \tag{4.43}$$

$$dW' = VdQ' = Et \times (\varepsilon_2 - \varepsilon_1)Eadx = (\varepsilon_2 - \varepsilon_1)E^2 atdx \quad [\mathrm{J}] \tag{4.44}$$

エネルギー dW' の供給がある場合は，式(4.37)は式(4.45)のようになる。

$$dW = -fdx + dW' \quad [\mathrm{J}] \tag{4.45}$$

したがって

$$f = -\frac{dW - dW'}{dx} = \frac{1}{2}(\varepsilon_2 - \varepsilon_1)E^2 at \quad [\mathrm{N}] \tag{4.46}$$

となり，誘電体の境界面に働く $1\,\mathrm{m^2}$ 当りの力（圧力）は

$$P = \frac{f}{at} = \frac{1}{2}(\varepsilon_2 - \varepsilon_1)E^2 \quad [\text{N/m}^2](=[\text{Pa}]) \tag{4.47}$$

となる。この場合も，式(4.46)の結果から，誘電率の大きい物体が誘電率の小さい物体に引き込まれるような力が働くことがわかる。

静電容量と仮想変位法による力

例題 4.8〜4.10 は，仮想変位 x による静電容量 C の変化 dC/dx を用いて，式(4.48)のようにまとめることができる†。

$$f = \frac{1}{2}\frac{dC}{dx}V^2 = -\frac{1}{2}\frac{d}{dx}\left(\frac{1}{C}\right)Q^2 \quad [\text{N}] \tag{4.48}$$

演習問題

【問 4.1】 厚さ 0.03 mm のポリスチロール（比誘電率 2.6）のフィルムの両面に金属膜を付着させ，2 μF のコンデンサを作るには，面積をいくらにすればよいか計算せよ。

【問 4.2】 半径 a [m] の導体球を，厚さ t [m]，比誘電率 ε_r の誘電体が覆っている。導体球が Q [C] の電荷を有するとき，中心から r [m] の電界，電束密度，分極，電位を計算せよ。

【問 4.3】 陽イオンと陰イオンがクーロン力で結合している物質を水の中に入れると，結合力はどのように変化するか。

【問 4.4】 比誘電率が 4.2，厚さ 5 mm のガラス板を金属の板ではさんで平行平板コンデンサを作ったところ，一方の電極とガラス板の間に，1 mm の隙間ができた。
　　（1）　隙間のない場合に比べて静電容量は何倍になるか，比を計算せよ。
　　（2）　隙間とガラスの中の電界の比を計算せよ。

【問 4.5】 電極の間隔が d [m] の平行平板コンデンサに V [V] の電圧を加え，誘電率 ε [F/m]，厚さ d の誘電体を半分の面積まで挿入したとき

---
† 演習問題 4.13, 4.14 を参照。

(1) 誘電体の中の電界を計算せよ。

(2) 誘電体に接触している電極の電荷密度を計算せよ。

(3) 誘電体を挿入する前と比較して，静電容量は何倍になったかを計算せよ。

【問 4.6】 図 4.13 に示すような直方体を θ の角度で切った誘電体がある。P [C/m^2] で分極しているとき

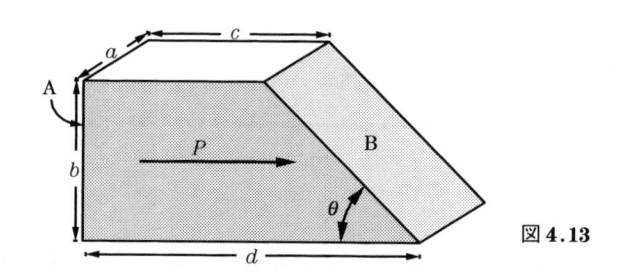

(1) 面 A, B の電荷密度を計算せよ。

(2) 双極子モーメントを計算せよ。

【問 4.7】 図 4.14 に示すように，半径 a [m] の球形の誘電体が，z 軸に沿って P [C/m^2] で分極しているとき，

(1) z 軸から角度 θ 傾いた面の電荷密度を計算せよ。

(2) 誘電体球の双極子モーメントを計算せよ。

(3) ★誘電体球の表面に現れる分極電荷によって，球の中心にできる

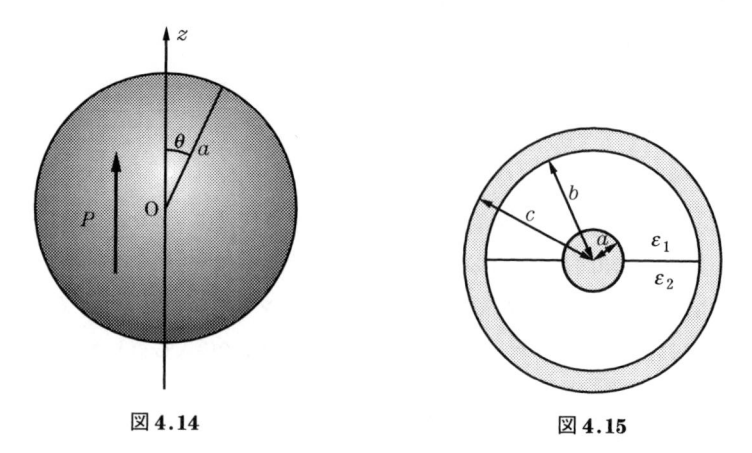

図 4.13

図 4.14

図 4.15

電界を計算せよ．

【問 4.8】 誘電率が ε_1，ε_2 [F/m] の誘電体の境界面において，ε_1 の誘電体の電束密度の大きさが D_1 [C/m^2]，角度が θ_1 であるとき，ε_2 の誘電体の中の電束密度の大きさと角度を計算せよ．

【問 4.9】 図 4.15 に示すような同心導体球の間の半分を誘電率が ε_1 [F/m]，残りの半分を誘電率が ε_2 [F/m] の誘電体が満たしている．内外の導体球に電荷 $+Q$，$-Q$ [C] を与えるとき

(1) それぞれの誘電体において，球の中心からの距離が r [m] のところの電界を計算せよ．

(2) 内球との接触面における分極電荷密度を計算せよ．

(3) 静電容量を計算せよ．

【問 4.10】 ★半径 a [m] の導体球に，電荷が Q [C] になるまで，無限遠から微少量ずつ電荷を運び続けるためのエネルギーを計算せよ．また，このエネルギーが導体球の周囲の静電エネルギーを，全空間にわたって加え合わせたものに等しいことを示せ．

【問 4.11】 例題 4.8 において，電極に働く引力の大きさが $f = QE = \varepsilon E^2 S$ [N] ではなく，$f = QE/2$ であることを例題 2.9 を参考にして示せ．

【問 4.12】 ★同軸ケーブルは，図 4.16 に示すように，半径が a [m] の導線と半径 b [m] の厚さの無視できる円柱導体が中心軸を共通にしている．そして，両者の間には誘電率 ε [F/m] の誘電体が充てんされている．いま，内外の導体が長さ 1 m 当りに電荷 $+Q$，$-Q$ [C/m] をそれぞれ有するとき

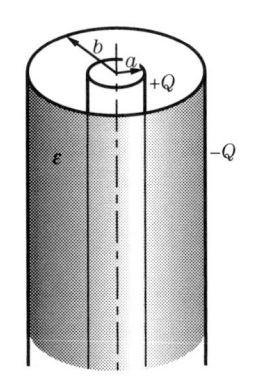

図 4.16

(1) 内外の導体の間の電圧を計算せよ。

(2) 同軸ケーブルの 1 m 当りの静電容量を計算せよ。

(3) 同軸ケーブルの 1 m 当りに蓄積されているエネルギーを計算せよ。

(4) 外側の導体に働く圧力を計算せよ。

【問 4.13】 ★電荷 Q [C] が蓄えられている静電容量 C [F] のコンデンサがある。電荷量を変えずに，静電容量が ΔC だけ変化するとき，蓄えられているエネルギーの変化分を計算せよ。式 (4.48) を導け。

【問 4.14】 ★電圧 V [V] が加えられている静電容量 C [F] のコンデンサがある。電圧を変えずに，静電容量が ΔC [F] だけ変化するとき，蓄えられているエネルギーの変化分および外部から流入するエネルギーを計算せよ。式 (4.48) を導け。

【問 4.15】 ★辺の長さが a, b [m] の長方形の電極，電極の間隔が d [m] の平行平板コンデンサを，図 4.17 のように，比誘電率 ε_r，密度 ρ [kg/m³] の絶縁体の液体に鉛直方向に半分浸した。空気の誘電率を ε_0 [F/m]，重力加速度を g [m/s²] として，以下の問いに答えよ。ただし，コンデンサの内部から液体は漏れない。また，コンデンサ外部の液面の高さの変化を無視する。

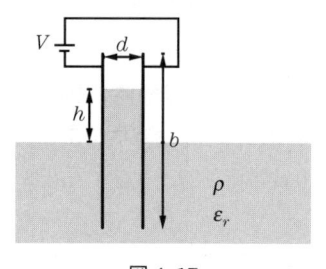

図 4.17

(1) 電極間に V [V] の電圧を加えるとき，コンデンサの内部の液面が高さ h [m] 上昇すると，コンデンサに蓄えられるエネルギーの変化を計算せよ。

(2) 液面の上昇により，電池から供給されるエネルギーを計算せよ。

(3) エネルギーの保存則から，h を計算せよ。

5 電流

5.1 電流

これまでは，電荷が静止している場合の静電気について議論してきた。本章では，導体の中で電荷が移動する**電流**（electric current）について述べる。

---- 電流の定義 ----

方　向：正電荷の進む方向を電流の向きとする。

大きさ：電流と垂直な面を1秒間に通過する電荷の量。

単位は〔A〕＝〔C/s〕（アンペア：Ampere）である。

【例題 5.1】　コンデンサに一定の電流 I〔A〕を t 秒間流し続けるとき，コンデンサに蓄えられる電荷の大きさを計算せよ。

[解答]　定義より，電流の大きさ I〔A〕はコンデンサに接続された導線の断面を1秒間に通過する電荷の量，すなわち1秒間当りにコンデンサに流れ込む電荷の量である。したがって，t 秒間では

$$Q = It \quad \text{〔C〕} \tag{5.1}$$

となる。

---- ★電流が時間とともに変化する場合 ----

電流 i〔A〕によって，微小時間 dt 秒の間に流入する電荷は $dQ = i\,dt$，したがって

$$i = \frac{dQ}{dt} \qquad (5.2)$$

$$Q = \int i\,dt \qquad (5.3)$$

の関係が導かれる。

【例題 5.2】 図5.1に示すような水素原子の簡単なモデルでは，電荷 $-e$ [C]の電子が原子核のまわりの半径 a [m]の円軌道を速さ v [m/s]で運動している。この場合，原子核のまわりを電子による電流が流れていると考えられる。電流の大きさを計算せよ。

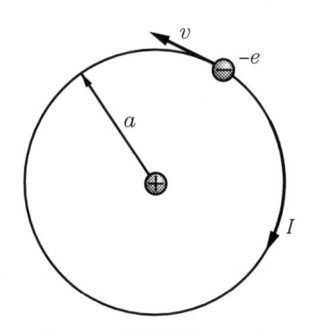

図5.1 水素原子のモデル

解 答 電流の大きさは電子の円軌道の任意の点を1秒間に通過する電荷の量である。電子がその点を1回通過するごとに，電荷 e が電子の運動の向きと反対向きに通過したことになる。したがって，電流の向きは電子の運動方向と反対で，大きさは e に電子の1秒間の回転数を乗じたものになる。

$$I = e \times \frac{v}{2\pi a} \quad [\text{A}] \qquad (5.4)$$

5.2 抵抗とオームの法則

---- オームの法則と抵抗，コンダクタンスの定義 ----

電流 I〔A〕が流れている導体の2点間の電圧 V〔V〕は，電流の大きさ I に比例し

$$V = RI \quad \text{〔V〕} \tag{5.5}$$

と表される。ここで，R を導体の**電気抵抗**（electric resistance）または単に**抵抗**といい，式(5.5)を**オームの法則**（Ohm's law）という。抵抗の単位は〔Ω〕=〔V/A〕（オーム：Ohm）である。

$$G = \frac{1}{R} = \frac{I}{V} \quad \text{〔S〕} \tag{5.6}$$

抵抗の逆数 G を**コンダクタンス**（conductance）といい，単位は〔S〕=〔Ω^{-1}〕（ジーメンス：Siemens）を用いる。

金属導体ではオームの法則がつねに成立し，抵抗は導体の種類，形状，温度によって決まる定数である。しかし，半導体などのように，式(5.5)の比例関係が成立せず，抵抗が電圧によって変化する場合もある。

5.3 抵抗の接続

5.3.1 直列接続

【例題 5.3】 図5.2に示すような3個の抵抗を直列に接続したときの合成抵抗を計算せよ。

解答 直列接続の場合，端子 ab 間に電流 I〔A〕が流れるとき，すべての抵抗に等しい電流 I が流れる。このとき，それぞれの抵抗の電圧は

$$V_1 = R_1 I, \quad V_2 = R_2 I, \quad V_3 = R_3 I \quad \text{〔V〕} \tag{5.7}$$

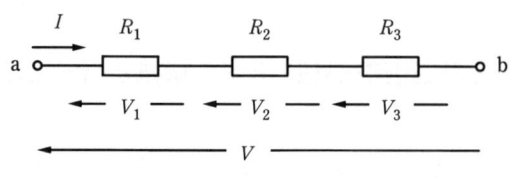

図 5.2 抵抗の直列接続

となり，ab 間の電圧は $V=V_1+V_2+V_3$ 〔V〕である。したがって，合成抵抗は

$$R=\frac{V}{I}=R_1+R_2+R_3 \quad [\Omega] \tag{5.8}$$

となる。

5.3.2 並　列　接　続

【例題 5.4】　図 5.3 に示すような 3 個の抵抗を並列に接続したときの合成抵抗を計算せよ。

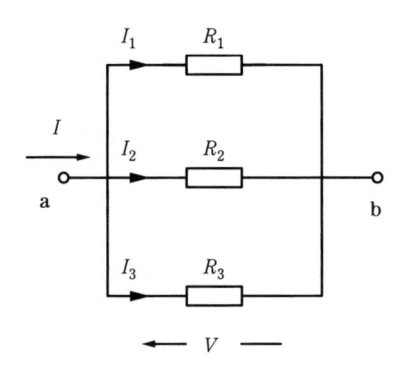

図 5.3　抵抗の並列接続

解　答　並列接続の場合，すべての抵抗の電圧は等しい。したがって，端子 ab 間に電圧 V〔V〕を加えるとき，それぞれの抵抗に流れる電流は

$$I_1=\frac{V}{R_1}=G_1V, \quad I_2=\frac{V}{R_2}=G_2V, \quad I_3=\frac{V}{R_3}=G_3V \quad [A] \tag{5.9}$$

$$G_1 = \frac{1}{R_1}, \quad G_2 = \frac{1}{R_2}, \quad G_3 = \frac{1}{R_3} \quad [\text{S}]$$

となり，$I = I_1 + I_2 + I_3$ であるから，合成コンダクタンスは式(5.10)～(5.12)となる。

$$G = \frac{I}{V} = G_1 + G_2 + G_3 \quad [\text{S}] \tag{5.10}$$

$$\frac{1}{R} = G = \frac{1}{R_1} + \frac{1}{R_2} + \frac{1}{R_3} \quad [\text{S}] \tag{5.11}$$

$$\therefore R = \frac{1}{\frac{1}{R_1} + \frac{1}{R_2} + \frac{1}{R_3}} \quad [\Omega] \tag{5.12}$$

5.4 ジュール熱

---- ジュールの法則 ----

抵抗 R [Ω] に電流 I [A] を流すと，電気エネルギーが消費されて熱エネルギーに変わる。1秒間当りの消費エネルギーは式(5.13)で表される。

$$P = I^2 R \quad [\text{W}] \tag{5.13}$$

この熱を**ジュール熱**（Joule's heat）といい，式(5.13)を**ジュールの法則**（Joule's law）という。

ジュールの法則はジュール（Joule）によって実験的に導かれたものであるが，つぎのように理論的に導くことができる。抵抗 R [Ω] に電流 I [A] が流れているとき，抵抗にはオームの法則より $V = IR$ [V] の電圧が発生している。一方，電流の定義より，電流 I が流れていることは，毎秒 I [C] の電荷が抵抗を通過して V だけ電位の低いところへ移動することを意味する。このとき，式(2.22)より，IV [J] の電気エネルギーが失われることになり，この電気エネルギーの減少分が熱エネルギーに変わる（図5.4参照）。結局，抵抗の中では，毎秒

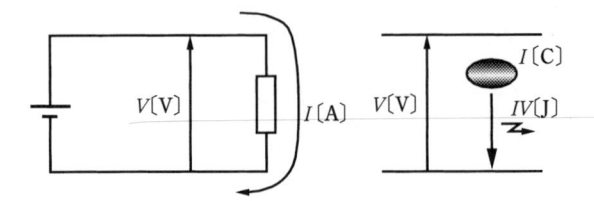

(a) 毎秒 IV 〔J〕のエネルギーが抵抗で熱に変わる

(b) 毎秒 I 〔C〕の電荷が電位差 V 〔V〕低いところに移動し，ポテンシャルエネルギーの差を熱エネルギーとして放出する

図 **5.4** ジュールの法則

$$P = IV \quad 〔\text{J/s}〕(=〔\text{W}〕) \tag{5.14}$$

のエネルギーが消費される。この毎秒消費される電気エネルギー，すなわち電気が1秒間になしえる仕事の量を**電力**（electric power）という。

式(5.14)に $V=RI$ を代入すると式(5.13)が得られる。電気工学で頻繁に用いられる電力量キロワット時〔kWh〕は，10^3〔W〕$\times 3\,600$〔s〕$=3.6\times 10^6$〔J〕である。

5.5 起 電 力

直流回路に電流が流れるためには，電流を流そうとする原動力，すなわち**起電力**（electromortive force: emf）が必要である。起電力は導体内に電流を流すための電位差である。起電力 U〔V〕の**電源**は電流 I〔A〕を流しているとき，毎秒 I〔C〕の電荷に IU〔J〕の電気エネルギーを与えているので，回路に $P=IU$〔W〕の電力を供給している。図 **5.5** において，電源 A → B で電荷の位置エネルギーが高くなり，抵抗 C → D で位置エネルギーの低下分が熱エネルギーとなる。抵抗での電位の低下分を**電圧降下**あるいは**逆起電力**という。

図 **5.5** 起電力と逆起電力

5.6 キルヒホッフの法則

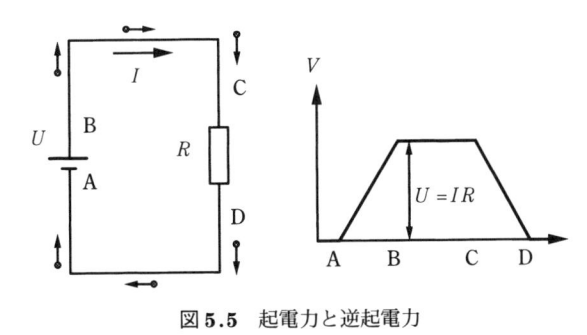

1.1 節で述べたように，電荷は保存量であり生成・消滅することはない。したがって，金属導体の中のように電荷の蓄積がない場合には，

キルヒホッフの第1法則

任意の点に流入する電流の総計は 0 でなければならない（図 5.6 参照）。

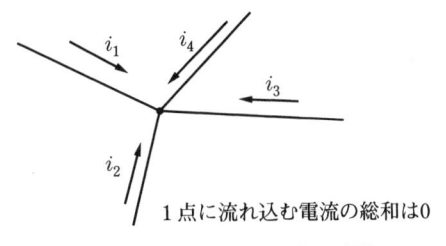

図 **5.6** キルヒホッフの第1法則

また，図5.5において A→B→C→D→A と一巡するとき，始点の点 A と終点の点 A の電位差は，各部分の電圧の総計であるが，もちろん始点と終点の電位は等しくなければならない。したがって

キルヒホッフの第2法則

任意のループに沿って電圧を総計したものは 0 でなければならない。

88   5. 電　　流

(これは，式(2.82)を電気回路に適用したことに相当する。)

5.7　抵抗率と導電率

　導体の抵抗は，その長さに比例し，断面積に反比例する。その理由は，長さを2倍にすることは二つの同じ抵抗を直列に接続し，断面積を2倍にすることは二つの同じ抵抗を並列に接続することと等しいからである。したがって，抵抗 R 〔Ω〕と長さ l 〔m〕および断面積 S 〔m²〕との関係を式(5.15)のように表すことができる。

抵抗率および導電率の定義

$$R = \rho \frac{l}{S} \quad [\Omega] \tag{5.15}$$

この ρ が**抵抗率**（resistivity）で，単位は〔Ω·m〕を用いる。また，抵抗率の逆数を**導電率**または**電気伝導度**（conductivity）という。

$$\sigma = \frac{1}{\rho} = \frac{l}{S} G \quad [\text{S/m}] \tag{5.16}$$

ここで，$G = 1/R$ はコンダクタンスである。

　抵抗率および導電率は，導体の形状によらず，種類のみによって決まる定数である。おもな金属の抵抗率の値を**表5.1**に示す。

表5.1　金属の抵抗率および抵抗の温度係数
（いずれも20℃における値）

金　属	ρ 〔10^{-8}Ω·m〕	a_{20} 〔10^{-3}℃$^{-1}$〕
銀	1.62	4.1
銅	1.72	4.3
アルミニウム	2.75	4.2
ニッケル	7.24	6.7
白　金	10.6	3
ニクロム	109	0.1

電流密度の定義

電流と垂直な面を通過する 1 m² 当りの電流の大きさを**電流密度**(current density) といい,図 5.7 の場合は式(5.17)で与えられる。

$$J = \frac{I}{S} \quad [\text{A/m}^2] \tag{5.17}$$

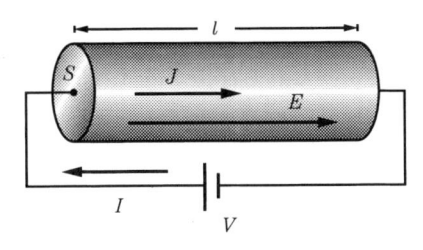

図 5.7 抵抗率と電流密度

【例題 5.5】 図において,導体の中の電界と電流密度の関係を導け。

解答 導体の中の電界は式(5.18)で与えられる。

$$E = \frac{V}{l} \quad [\text{V/m}] \tag{5.18}$$

式(5.17)にオームの法則式(5.5)を代入し,式(5.15),(5.18)を用いると

$$J = \frac{I}{S} = \frac{1}{S} \times \frac{V}{R} = \frac{1}{S} \times \frac{El}{\rho \frac{l}{S}} = \frac{1}{\rho} E = \sigma E \quad [\text{A/m}^2] \tag{5.19}$$

式(5.19)は,導体の形状に関係なく成立するオームの法則である。

5.8 電流密度とキャリヤ

金属は電子の流れが電流を運んでいる。電子のように電流を運ぶ荷電粒子を**キャリヤ**(carrier) という。

【例題 5.6】 図 5.8 に示すような断面積 S [m²] の導線に,電荷 q [C] を

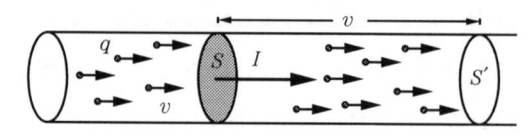

図 **5.8** 電流とキャリヤ

有する粒子が $1\,\mathrm{m}^3$ 当りに n 個含まれており，いずれも速さ $v\,[\mathrm{m/s}]$ で右に向かって進んでいるとき，電流および電流密度を計算せよ．

[解 答] 電流の大きさ，すなわち面積 S を 1 秒間に通過する電荷の量を考える．面 S を 1 秒間に通過する粒子を考えるとき，最初に面 S を通過した粒子は 1 秒の間に $v\,[\mathrm{m}]$ 離れた面 S' まで進み，最後の粒子は面 S の位置にある．したがって，1 秒間に面 S を通過した粒子は長さ v の部分に存在し，その数は $n \times$ 体積 (Sv) である．結局，1 秒間に面 S を通過した電荷の量である電流 I は

$$I = q \times n \times Sv \quad [\mathrm{A}] \tag{5.20}$$

となる．また，電流密度は，式(5.17)から式(5.21)で表される．

----- **電流密度とキャリヤ密度，キャリヤの速度の関係** -----

$$J = \frac{I}{S} = qnv \quad [\mathrm{A/m}^2] \tag{5.21}$$

式(5.19)と式(5.21)を比べると，キャリヤの速度 v が電界 E に比例することがわかる．したがって，つぎのように表すことができる．

----- **移動度の定義** -----

$$v = \mu E \quad [\mathrm{m/s}] \tag{5.22}$$

この比例定数 $\mu\,[\mathrm{m}^2/\mathrm{V \cdot s}]$ を**移動度**（mobility）という．

式(5.21)に式(5.22)を代入し，式(5.19)と比較することにより，つぎのように電気伝導度 σ を移動度 μ を用いて表すことができる．

$$\sigma = qn\mu \quad [\mathrm{S/m}] \tag{5.23}$$

【例題 5.7】 断面積が $1\,\mathrm{mm}^2$ の銅線に $10\,\mathrm{A}$ の電流を流すとき，電子の速

さを計算せよ．ただし，$1\,\mathrm{m}^3$ の銅には 8.46×10^{28} 個の電子がある．

解答 電子の速度は，式(5.21)，(5.17)から

$$v=\frac{J}{nq}=\frac{\dfrac{I}{S}}{nq}=\frac{I}{nqS}=\frac{10}{8.46\times10^{28}\times1.6\times10^{-19}\times1\times10^{-6}}$$
$$=7.39\times10^{-4}\,[\mathrm{m/s}]=0.739\,[\mathrm{mm/s}] \tag{5.24}$$

となる．以外に遅いものである．しかし，スイッチを入れたとき，そこから 2 m の銅線に接続された電気器具に電流が流れ始めるのに，$2/(7.39\times10^{-4})=2.7\times10^3$ 秒もの時間がかかるわけではない．では，どのくらいの時間が必要か．この問題については，10章で議論しよう．

5.9 抵抗の温度係数

金属の抵抗率は温度の上昇とともに増加し，比較的狭い範囲では抵抗率の変化は温度の変化に比例する．

抵抗の温度係数の定義

$$\rho=\rho_0[1+\alpha(t-t_0)]\,\,[\Omega\cdot\mathrm{m}] \tag{5.25}$$

定数 α を**抵抗の温度係数**（temperature coefficient of resistance）といい，単位は $[{}^\circ\mathrm{C}^{-1}]$ である．ρ_0 は温度 t_0 における抵抗率である．

金属の抵抗の温度係数を表5.1に示す．半導体や絶縁材料の場合は，温度の上昇とともに抵抗が下がる．したがって，負の温度係数を有する．

温度が上昇すると，原子の熱振動が大きくなり，キャリヤが散乱されて進みにくくなる．したがって，式(5.23)における移動度 μ が小さくなって，金属の場合は電気伝導度が小さくなる．一方，半導体や絶縁材料の場合は，温度上昇による移動度の減少よりもむしろキャリヤ密度 n の増加の影響が大きく，式(5.23)より抵抗が下がる．

5.10 電流密度が一様でない場合の抵抗

【例題 5.8】 抵抗率が ρ 〔Ω·m〕で図 5.9 のような管状の導体の内側と外側の面の間の抵抗を計算せよ。

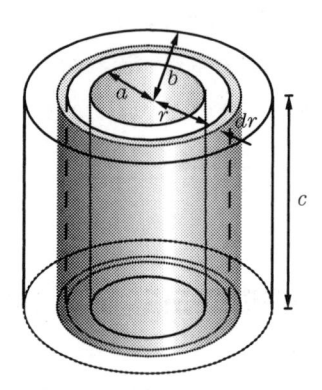

図 5.9 管 状 導 体

[解 答] この場合，電流は半径方向に流れる。厚さ dr の薄い層を考えると，電流の方向と垂直な断面積は $2\pi rc$，長さは dr なので，この層の抵抗は

$$dR = \rho \frac{dr}{2\pi rc} \quad 〔Ω〕 \tag{5.26}$$

である。全体の抵抗は，各層の微小抵抗が直列になっているので，各層の微小抵抗を加えあわせる（積分する）ことによって得られる。

$$R = \int_a^b \rho \frac{dr}{2\pi rc} = \frac{\rho}{2\pi c} \ln \frac{b}{a} \quad 〔Ω〕 \tag{5.27}$$

【例題 5.9】 抵抗率が ρ 〔Ω·m〕で図 5.10 のような管の半分の形状の導体の両端面 P, Q の間の抵抗を計算せよ。

[解 答] 例題 5.8 と同様に，厚さ dr の薄い層を考える。この場合は電流の方向に沿った長さが πr，面積が cdr なので，この層のコンダクタンスは

$$dG = \frac{1}{\rho} \frac{cdr}{\pi r} \quad 〔S〕 \tag{5.28}$$

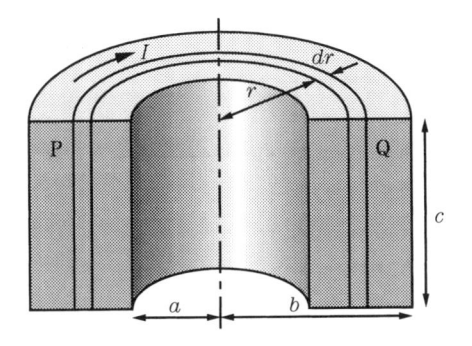

図 5.10 導体の抵抗

である。全体の抵抗は，各層の抵抗が並列になっているので，コンダクタンスを積分することによって得られる。

$$G=\int_a^b \frac{1}{\rho}\frac{cdr}{\pi r}=\frac{1}{\rho}\frac{c}{\pi}\ln\frac{b}{a} \quad [\text{S}] \tag{5.29}$$

$$R=\frac{1}{G}=\frac{\pi\rho}{c\ln\dfrac{b}{a}} \quad [\Omega] \tag{5.30}$$

5.11 電荷の連続式

図 5.11 に示すような閉曲面 S を考え，その外向きの法線を向いた単位ベクトルを $\boldsymbol{n}$，電流密度の $\boldsymbol{n}$ 方向成分を J_n とする。1秒間にこの面から流失する電荷の総計は S を通過する電流であり，式(5.17)を拡張して，式(5.31)のよ

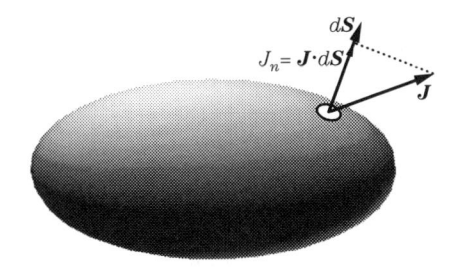

図 5.11 閉曲面と電流密度

うに表すことができる。

$$I = \int_S J_n dS = \int_S \boldsymbol{J} \cdot d\boldsymbol{S} \quad [\text{A}] \tag{5.31}$$

また，S に囲まれた内部の電荷量 Q は，電荷密度 ρ を用いて式(5.32)のように表すことができる。

$$Q = \int_v \rho dv \quad [\text{C}] \tag{5.32}$$

この Q の1秒間当りの減少分が流失する電流式(5.31)と等しいので

$$\int_S \boldsymbol{J} \cdot d\boldsymbol{S} = -\frac{\partial}{\partial t}\int_v \rho dv = -\int_v \frac{\partial \rho}{\partial t} dv \quad [\text{A}] \tag{5.33}$$

と表すことができる。式(5.33)を式(2.83)と比較すると，$\boldsymbol{J}$ と $\boldsymbol{E}$，$-\partial \rho/\partial t$ と ρ/ε_0 が対応している。したがって，式(2.83)から式(2.90)を導出したように，式(5.33)から式(5.34)が導き出される。

---- **電荷の連続式** ----

$$\text{div}\,\boldsymbol{J} = -\frac{\partial \rho}{\partial t} \quad [\text{A}/\text{m}^3] \tag{5.34}$$

通常の導体のように内部で電荷の蓄積が起こらない場合には，$-\partial \rho/\partial t = 0$ であるから，式(5.34)は式(5.35)のようになる。

$$\text{div}\,\boldsymbol{J} = 0 \quad [\text{A}/\text{m}^3] \tag{5.35}$$

このことは，導体の中の任意の閉曲面に流入する電流の総計は0であることを意味し，5.6節で述べたキルヒホッフの第1法則と同じ内容を意味する。

演習問題

【問 5.1】 無限に広い導体平面と(a)平行，(b)垂直，(c)斜めに電流が流れているとき，電流の電気影像（**影像電流**）はどのように流れるか。

【問 5.2】 断面積が $0.7\,\text{mm}^2$，長さ $30\,\text{m}$ の銀線に $5\,\text{V}$ の電圧を加えたとき，$6.8\,\text{A}$ の電流が流れた。ただし，銀の $1\,\text{m}^3$ には 5.8×10^{28} 個の電子がある。銀

の抵抗の温度係数は $3.8 \times 10^{-3}\,°C^{-1}$

(1) 電流密度を計算せよ．
(2) 銀線の中の電界を計算せよ．
(3) 銀の電気伝導度を計算せよ．
(4) このときの電子の速度を計算せよ．
(5) 電子の移動度を計算せよ．
(6) この銀線の $1\,m^3$ 当りで，1秒間に熱に変わるエネルギーの量を計算せよ．
(7) 温度が100度高くなると，流れる電流はいくらになるか，計算せよ．

【問 5.3】 抵抗率が $\rho\,[\Omega\cdot m]$ の導体に電流密度 $J\,[A/m^2]$ の電流が流れているとき，導体の $1\,m^3$ 当りで，1秒間に熱に変わるエネルギーの量を計算せよ．

【問 5.4】 図5.12に示すのは，1辺が $r\,[\Omega]$ の抵抗線を格子状に接続した無限に広い網である．隣り合った点AB間の抵抗を計算せよ．

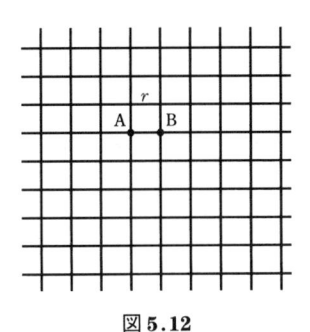

図 5.12

【問 5.5】 図5.13に示すように，r_1, $r_2\,[\Omega]$ の抵抗が無限に続いた回路のAB間の抵抗を計算せよ．

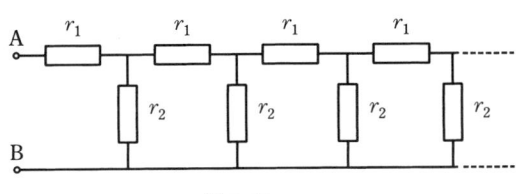

図 5.13

【問 5.6】 通常の電池は図 5.14(a) に示すように，起電力 E [V] の理想的な電圧源（いかなる抵抗を接続しても電圧が変わらない）と内部抵抗 r [Ω] が直列に接続されたものとほぼ等価である．これはまた，図(b)に示すような理想的な電流源（いかなる抵抗を接続しても電流 I [A] が変わらない）と内部抵抗 R [Ω] が並列に接続されたものと等価である．I と R を求めよ．

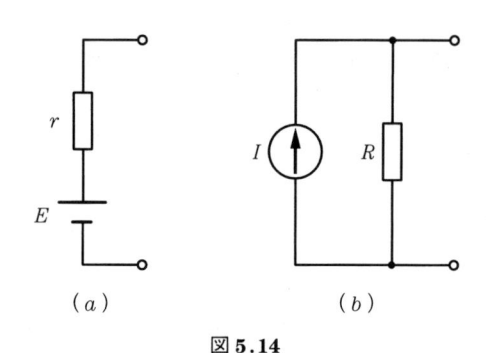

(a)　　　　　　　　(b)

図 5.14

【問 5.7】 起電力 E_1，内部抵抗 r_1 の電池と起電力 E_2，内部抵抗 r_2 の電池を(a) 直列に接続した場合と，(b) 並列に接続した場合の合成の起電力と内部抵抗を計算せよ．

【問 5.8】 アルミニウムの精錬には電気分解を用いる．すなわち，アルミニウムイオンが陰極から電子を 3 個受け取ってアルミニウム原子となる．27 g (1 モル：6.0×10^{23} 個) のアルミニウムを得るのに必要な電荷量および，10 時間で得るために必要な電流の大きさを計算せよ．

【問 5.9】 ★内外の半径が，それぞれ a，b [m] の抵抗のない同心導体球の間に，抵抗率が ρ [Ω・m] の導体を満たしたとき，内外の導体球の間の抵抗を計算せよ．

6 磁性体と磁界

6.1 磁極と磁界

本章で学ぶ静磁気は，1章および2章で述べた静電気と非常によく似ている。したがって，表6.1に示す電気と磁気の対応関係に留意しながら進むと，理解が早いだろう。

磁極（magnetic pole）は電荷と対応しており[†]，磁石のN極を正電荷，S

表6.1　電気と磁気の対応関係

電　気		磁　気	
電　荷	Q [C]	磁　極	m [Wb]
電　界	E [V/m]	磁　界	H [A/m]
電荷に働く力	$F=QE$ [N]	磁極に働く力	$F=mH$ [N]
電気力線	1Cの電荷から$1/\varepsilon$本 $1\,\mathrm{m}^2$当りの本数が電界	磁力線	1Wbの磁極から$1/\mu_0$本 $1\,\mathrm{m}^2$当りの本数が磁界
誘電率	ε [F/m]	透磁率	μ [H/m]
クーロン力	$F=\dfrac{QQ'}{4\pi\varepsilon r^2}$ [N]	クーロン力	$F=\dfrac{mm'}{4\pi\mu_0 r^2}$ [N]
電束密度	$D=\varepsilon E$ [C/m²]	磁束密度	$B=\mu H$ [T] = [Wb/m²]
電　束	$\varPhi$ [C]	磁　束	$\varPhi$ [Wb]
電気双極子モーメント	$p=Ql$ [C·m]	磁気双極子モーメント	$M=ml$ [Wb·m]
分　極	$P=\dfrac{p}{v}$ [C/m²]	磁　化	$J=\dfrac{M}{v}$ [Wb/m²]
静電容量	C [F]	インダクタンス	L [H]

本書ではKennellyの単位系を用いる。他に磁極の単位を[A·m]とするSommerfeldの単位系もあり，おもに物理の書に用いられる。

[†] 磁極を電荷と対応させて，**磁荷**（magnetic charge）ともいうが，本書では磁極を用いる。

極を負電荷に対応させると，1.1節の電荷の性質(1)，(2)がそのまま磁極の性質となる。

---- 磁極の性質 ----
（1） 磁極にはN(+)とS(−)の2種類がある。
（2） NとSの磁極の間には引力が働くが，同種類の磁極はたがいに反発する。
（3） 磁極の大きさは，ウェーバ(Weber)〔Wb〕という単位を用いて表す。

ただし，誘電体では電荷を真電荷と分極電荷に区別することについて4.3節において述べたが，磁気の場合は真電荷に相当するものはない。磁極は分極電荷と同様に，つねに同じ大きさの正（N極）と負（S極）が一緒に存在し，また自由に移動することもできない。

磁極の間にもクーロンの法則が成り立ち，r〔m〕離れた点磁極 m_1，m_2〔Wb〕の間には，式(1.2)と同様の式(6.1)で表される力が働く。

---- 磁極の間のクーロンの法則 ----

$$F = \frac{m_1 m_2}{4\pi\mu_0 r^2} \quad \text{〔N〕} \tag{6.1}$$

ここで，μ_0 は**真空の透磁率**(permeability) で，電気の場合の真空の誘電率 ε_0〔F/m〕に対応する。単位は〔H/m〕である[†1]。

磁界 (magnetic field) は電界に対応し，その単位は〔A/m〕である[†2]。磁界の中に置かれた磁極 m〔Wb〕が受ける力が F〔N〕のとき，磁界 H をつぎのように定義する。

---- 磁界の定義 ----

$$F = mH \quad \text{〔N〕} \tag{6.2}$$

2.3節で電気力線という概念を導入し，電界の方向，強さを表したり，また

[†1] H はヘンリー(Henry) である。詳しくは9章で学ぶ。
[†2] 磁界の単位が〔A/m〕である理由は，次章で明らかになる。

電界を計算するために利用したが，電気力線とまったく同じように**磁力線**を考えることができる。磁力線の性質は，2.3 節の電気力線の性質を磁気に置き換えて，つぎのようになる。

磁力線の性質

（1） 磁力線上の点における接線の方向が磁界の方向である。
（2） 磁力線は正磁極（N極）に始まり，負磁極（S極）に終わる。磁極のないところで磁力線が発生したり，消滅することはない。
（3） 磁力線は交わらない。
（4） 磁力線の密度（磁力線と垂直な面における，$1\,\mathrm{m}^2$ 当りの磁力線の本数）は，磁界の大きさを表す。
（5） $1\,\mathrm{Wb}$ の正磁極から磁力線は $1/\mu_0$ 本発生する。

電気力線と電荷の場合と同様に，磁界と磁極の間にもガウスの定理が成り立ち，「ある任意の閉曲面から外に出る磁力線の数は，その閉曲面の中の磁極の総和の $1/\mu_0$ 倍に等しい」[†]。

【**例題 6.1**】 長さ $l\,\mathrm{[m]}$，磁極の大きさが $m\,\mathrm{[Wb]}$ の 2 本の棒磁石が，図 6.1 のように，直線上に中心間の距離 $d\,\mathrm{[m]}$ で置かれている。棒磁石の間に働く力を計算せよ。

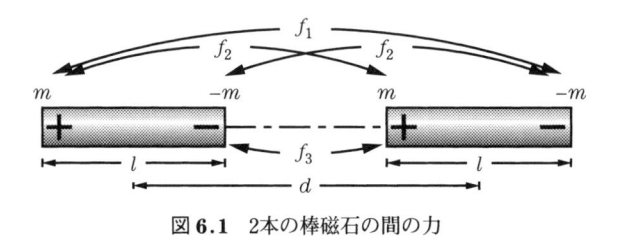

図 **6.1** 2 本の棒磁石の間の力

【**解 答**】 棒磁石の磁極の間には，図に示すような力 f_1, f_2, f_3 が働き，棒磁石の間の力は

[†] 分極電荷を考えるときの誘電率は ε_0 とする（4.3 節脚注参照）のと同様に，磁極を考えるときの透磁率は μ_0 とする。

6. 磁性体と磁界

$$F = f_1 + 2f_2 + f_3 \quad [\text{N}] \tag{6.3}$$

となる。1個の磁石の中の磁極間の力は，棒磁石の間の力には寄与しないので除いている。斥力を正とすると，f_1, f_2, f_3 は，それぞれ式(6.4 a)～(6.4 c)のように表される。

$$f_1 = \frac{-m^2}{4\pi\mu_0(l+d)^2} \quad [\text{N}] \tag{6.4 a}$$

$$f_2 = \frac{m^2}{4\pi\mu_0 d^2} \quad [\text{N}] \tag{6.4 b}$$

$$f_3 = \frac{-m^2}{4\pi\mu_0(d-l)^2} \quad [\text{N}] \tag{6.4 c}$$

式(6.3)に式(6.4 a)，(6.4 b)，(6.4 c)を代入することによって，棒磁石の間に働く力が式(6.5)のように得られる。

$$\begin{aligned} F &= \frac{-m^2}{4\pi\mu_0(d+l)^2} + 2\frac{m^2}{4\pi\mu_0 d^2} + \frac{-m^2}{4\pi\mu_0(d-l)^2} \\ &= -\frac{m^2}{4\pi\mu_0}\left[\frac{1}{(d-l)^2} + \frac{1}{(d+l)^2} - \frac{2}{d^2}\right] \\ &= -\frac{m^2}{2\pi\mu_0}\left[\frac{d^2+l^2}{(d^2-l^2)^2} - \frac{1}{d^2}\right] \quad [\text{N}] \end{aligned} \tag{6.5}$$

力 $\boldsymbol{F}$ は負の値であるので，棒磁石の間には $|\boldsymbol{F}|$ の大きさの引力が働く。

$d \gg l$ と見なせるときは，式(6.5)は式(6.6)のように近似できる (2.11節脚注参照)。

$$\begin{aligned} F &= -\frac{m^2}{2\pi\mu_0 d^2}\left\{\frac{1+\left(\frac{l}{d}\right)^2}{[1-\left(\frac{l}{d}\right)^2]^2} - 1\right\} \cong -\frac{m^2}{2\pi\mu_0 d^2}\left\{\left[1+3\left(\frac{l}{d}\right)^2\right] - 1\right\} \\ &= -\frac{3(ml)^2}{2\pi\mu_0 d^4} \quad [\text{N}] \end{aligned} \tag{6.6}$$

【例題 6.2】 図 6.2 のような長さ l [m]，磁極の大きさが m [Wb] の棒磁石の垂直2等分線上の磁界を計算せよ。

[解答] 棒磁石の両端の $+m$，$-m$ [Wb] の磁極による点 P における磁界は同じ大きさで

6.2 磁気モーメント

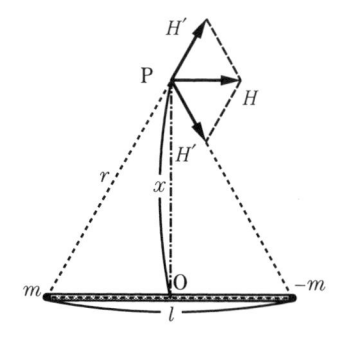

図 6.2 棒磁石による磁界

$$H' = \frac{m}{4\pi\mu_0 r^2} \quad [\text{A/m}] \tag{6.7}$$

である。二つの H' を合成した点 P の磁界 H は，相似の関係より式(6.8)のように得られる。

$$H = \frac{l}{r}H' = \frac{lm}{4\pi\mu_0 r^3} = \frac{ml}{4\pi\mu_0\left[\left(\frac{l}{2}\right)^2 + x^2\right]^{\frac{3}{2}}} \quad [\text{A/m}] \tag{6.8}$$

6.2 磁気モーメント

　図 6.2 の棒磁石のように，同じ大きさで符号の異なる磁極 $\pm m$ [Wb] が間隔 l [m] 離れて存在しているものを**磁気双極子**(magnetic dipole) という。式 (6.6), (6.8)（より詳しくは，例題 2.21 の電気双極子による電界を参照）からもわかるように，棒磁石から十分離れたところの磁界は積 ml に比例する。

---- 磁気モーメントの定義 ----

$$M = ml \quad [\text{Wb·m}] \tag{6.9}$$

を**磁気モーメント**（magnetic dipole moment）と呼ぶ。磁気モーメントはベクトルであり，その方向は S 極から N 極に向かう方向である。

【例題 6.3】　図 6.3 のような長さ l [m]，磁極の大きさが m [Wb] の棒磁

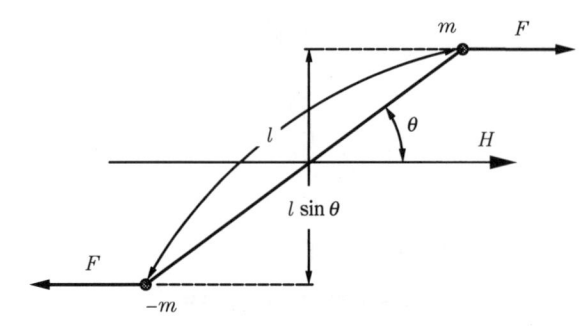

図 6.3 磁界中の棒磁石に働くトルク

石を磁界 H と θ の角度で置いたとき，棒磁石に働くトルクを計算せよ．

[解答] 棒磁石の両端の $+m$, $-m$ [Wb] の磁極が磁界 H から受ける力は，いずれも

$$F = mH \quad [\text{N}] \tag{6.10}$$

であり，力に垂直な腕の長さは，$l \sin \theta$ であるので，棒磁石に働くトルクは

$$\begin{aligned} T &= Fl \sin \theta \\ &= mHl \sin \theta \\ &= MH \sin \theta \quad [\text{N·m}] \end{aligned} \tag{6.11}$$

となる．この結果から，トルクは磁気モーメント $M = ml$ [Wb·m] と磁界 H に比例することがわかる．

6.3 磁性体と磁化

　磁石にくぎ，針などの鉄片を近付けると，鉄片が磁石に吸い寄せられることは日常経験していることである．鉄片が磁石に吸い寄せられるのは，図 **6.4** のように，磁石の磁界によって鉄片が一時的に磁石になり，そのS極と磁石のN極が引き合うことによる．このように，磁界によって鉄片などが磁石になることを**磁化**する (magnetize) といい，磁界によって磁化される物質を**磁性体**という．

6.3 磁性体と磁化   103

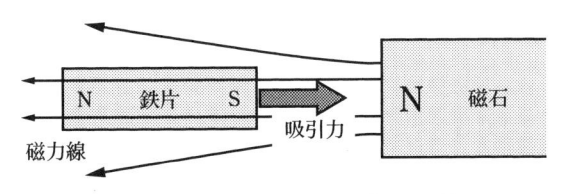

図6.4 磁界による鉄片の磁化と吸引力

「磁性体がどの程度強い磁石になったのか」ということを表すのに，どのような量が適当であろうか。前節の磁気モーメントを用いるのはどうであろう。この場合は，同じ磁性体で作った棒磁石でも，長さ l に比例して磁気モーメントが大きくなるし，また，断面積 S に比例して磁極 m も大きくなってしまう。したがって，磁気モーメント M は l と S の積（すなわち，磁性体の体積）に比例するので，磁化の強さを表すのに，M を磁性体の体積で割ったものを用いるのが適当であると考えられる（電気の分極に相当する。4.2節参照）。

---- 磁 化 の 定 義 ----

$$J = \frac{M}{磁性体の体積} \quad [\mathrm{Wb/m^2}] \tag{6.12}$$

を磁化の強さ，あるいは磁化の大きさ，または単に**磁化**（magnetization）という。磁化も磁気モーメントと同じ方向のベクトルである。

図 6.5 に示すように，磁化の方向と垂直な面に現れる磁極密度を $\sigma = m/S$ $[\mathrm{Wb/m^2}]$ と置くと，磁気モーメントは

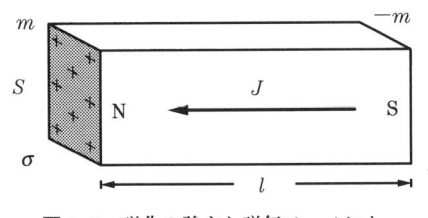

図6.5 磁化の強さと磁気モーメント

$$M = ml$$
$$= \sigma S \times l \quad [\text{Wb·m}] \tag{6.13}$$

となる。一方，式(6.12)より

$$M = J \times Sl \quad [\text{Wb·m}] \tag{6.14}$$

であることから，$\sigma = J$ [Wb/m^2] であることがわかる。また，磁化の方向と面の角度が θ であるときは，$\sigma = J \sin \theta$ [Wb/m^2] である（演習問題4.6参照）。

同じ強さの磁界を加えても，強く磁化されたり，なかなか磁化されにくいものがある。この「磁化のされやすさ」を**磁化率**（susceptibility）を用いて表す。

---- **磁化率の定義** ----

$$\chi = \frac{J}{H} \quad [\text{H/m}] \tag{6.15}$$

磁化率の単位は透磁率と等しいので，磁化率を真空の透磁率で割った**比磁化率** $\chi_r = \chi/\mu_0$（relative susceptibility，単位はない）がしばしば使われる。

表6.2に，いろいろな材料の比磁化率を示す。鉄などの**強磁性体**（ferromagnetic material）は比磁化率が非常に大きい。また，磁化率が負の物質は磁界と反対向きに磁化し，**反磁性体**（diamagnetic material）と呼ばれる。磁化率が正で非常に小さい物質を**常磁性体**（paramagnetic material）という。常磁性体と反磁性体は χ_r の絶対値が非常に小さく，通常の磁石では吸引力（反磁性体では反発力）が非常に小さいことから，**非磁性体**（non-magnetic

表6.2 比磁化率

	物質	χ_r
強磁性体	純鉄	$\sim 200\,000$
	軟鉄	$\sim 2\,000$
	ニッケル	~ 180
	コバルト	~ 270
常磁性体	アルミニウム	2.1×10^{-4}
	酸化コバルト	5.8×10^{-3}
	硫酸マンガン	3.6×10^{-3}
反磁性体	金	-3.6×10^{-5}
	銅	-0.86×10^{-5}
	ダイヤモンド	-2.1×10^{-5}
	塩化ナトリウム	-1.2×10^{-5}

material）ともいう。

6.4 磁束密度と磁化，および透磁率と磁化率の関係

磁束（magnetic flux）は，4.3節で述べた電束に対応し，つぎのような性質を有する。

---- 磁束の性質 ----
（1） 真電荷に相当する磁極が存在しないので，磁束は磁極と無関係である。
（2） 磁束は空間のいかなる場所でも生成・消滅することはなく，必ず閉じたループとなる。
（3） 磁束の単位にはウェーバ（Weber）〔Wb〕を用いる。
（4） 1 m² 当りの磁束の数を**磁束密度**（magnetic flux density）といい，単位はテスラ〔T〕（=〔Wb/m²〕）である。

図 6.6 に示すような**透磁率**が μ〔H/m〕の磁性体の板に磁界 H_0〔A/m〕を垂直に加える場合について考える。この場合は，4.4節における電束密度の場合（例題4.4）と同様に，真空中でも磁性体の中でも磁束密度は同じ大きさである。磁性体の中の磁界を H〔A/m〕とすると，つぎの関係が成り立つ。

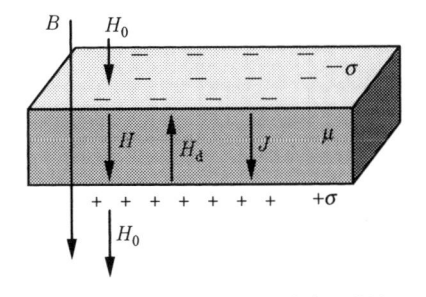

図 6.6 磁化の強さと磁極密度，磁界

6. 磁性体と磁界

----- 磁束密度と磁界，透磁率の関係（磁界と境界面が垂直な場合） -----

$$B = \mu_0 H_0$$
$$= \mu H \quad [\text{T}] \tag{6.16}$$

一方，磁性体の表面の磁極（磁極密度 $\sigma\,[\text{Wb/m}^2]$）による磁界 H_d は，例題2.9とまったく同じ考え方で導かれ，大きさは $H_d = \sigma/\mu_0$，方向は磁化 J の向きと反対である。さらに前節で述べたように $\sigma = J\,[\text{Wb/m}^2]$ であることから，

$$H_d = \frac{\sigma}{\mu_0} = \frac{J}{\mu_0} \quad [\text{A/m}] \tag{6.17}$$

である。磁性体の中の磁界 $H\,[\text{A/m}]$ は，外部磁界 H_0 と H_d の重ね合わせ（$H = H_0 - H_d$）であることに注意すると，式(6.16)は式(6.18)のようになる。

$$B = \mu_0 H_0 = \mu_0 (H + H_d) \quad [\text{T}] \tag{6.18}$$

さらに式(6.17)を式(6.18)に代入すると，磁化 J，磁束密度 B および磁界 H の間には，つぎの関係があることがわかる。

----- 磁束密度と磁界，磁化の関係 -----

$$B = \mu_0 H + J \quad [\text{T}] \tag{6.19}$$

式(6.19)の両辺を H で割ることにより，透磁率 μ と磁化率 χ の関係が得られる。

----- 磁化率と透磁率の関係 -----

$$\mu = \mu_0 + \chi \quad [\text{H/m}]$$
$$\mu_r = 1 + \chi_r \tag{6.20}$$

$\mu_r = \mu/\mu_0$ は**比透磁率**である。

これらの式(6.19)，(6.20)は磁性体の中でつねに成り立つ関係式である。

6.5 自己減磁と反磁界

前節に見るように，表面の磁極による磁界 H_d のために，磁性体の中の磁界

H が小さくなることを**自己減磁**といい，H_d を**反磁界**あるいは**自己減磁力**（demagnetizing field）と呼ぶ。磁性体の表面の磁極は磁化の大きさ J に比例するので，H_d も J に比例する。

反磁界係数の定義

$$H_d = N\frac{J}{\mu_0} \quad [\text{A/m}] \tag{6.21}$$

ここで，N は**反磁界係数**あるいは**減磁率**（demagnetizing factor）である。

前節の磁性体のように無限に広い板の場合は，式(6.17)と式(6.21)を比較することにより，板の面と垂直な方向の反磁界係数は 1 であることがわかる。反磁界係数は図 6.7 に示すように，磁性体の形状と向きによって決まる定数である。垂直な 3 方向の反磁界係数 (N_x, N_y, N_z) の和はつねに 1 となる。

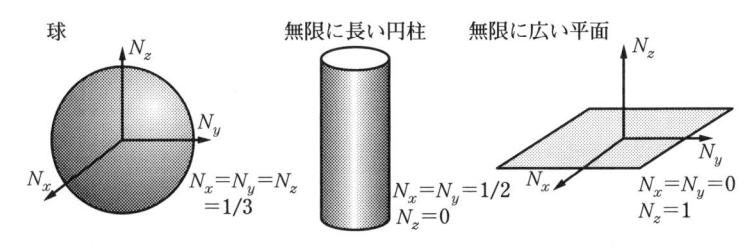

図 6.7 反磁界係数の例

【**例題 6.4**】 磁化率が $\chi\,[\text{H/m}]$ の磁性体に，外部から磁界 $H_0\,[\text{A/m}]$ を加えるとき，磁性体の内部の磁界および磁化の大きさを計算せよ。ただし，反磁界係数を N とする。

解答 磁性体の内部の磁界を H と仮定すると，磁化の大きさは

$$J = \chi H \quad [\text{Wb/m}^2] \tag{6.22}$$

であり，また，反磁界は

$$H_d = N\frac{J}{\mu_0} \quad [\text{A/m}] \tag{6.23}$$

である。一方

$$H = H_0 - H_d \quad [\text{A/m}] \tag{6.24}$$

であるので，式(6.24)に，式(6.23)，さらに式(6.22)を代入して整理すること

によって，磁性体の内部の磁界が得られる．

$$H = \frac{H_0}{1 + \frac{N\chi}{\mu_0}} \quad [\text{A/m}] \tag{6.25}$$

式(6.25)を式(6.22)に代入することにより，磁化の大きさが得られる．

$$J = \chi H = \frac{\chi}{1 + \frac{N\chi}{\mu_0}} H_0 \quad [\text{Wb/m}^2] \tag{6.26}$$

常磁性体や反磁性体では χ が非常に小さいので，式(6.25)，(6.26)の分母は 1 と見なせるが，強磁性体では χ が大きいので反磁界の影響を無視できない．

6.6 強磁性体の磁化

強磁性体の比磁化率が非常に大きいことは 6.3 節で述べたが，強磁性体の磁化および磁束密度は磁界と比例しない．すなわち，磁化率および透磁率は定数ではなく，磁界によって変化する．さらに，磁化および磁束密度は，それまでに受けた磁界の経歴（履歴）によって異なり，同じ大きさの磁界の中でも異なった J および B の値となる．このような現象を一般に**ヒステリシス**(hysteresis) という．

磁束密度 B と磁界 H の関係の典型的な例を図 6.8 に示す．このような曲線を**磁化曲線**(magnetization curve) あるいは **B-H 曲線**という．磁化していない強磁性体に磁界 H を加え，次第に大きくしていくと，点 O から点 P までの初期磁化曲線に沿って B が増加する．H が小さいときは B が急激に増加するが，やがて B の変化が小さくなり，傾き (**微分透磁率** $\mu_d = dB/dH$) が一定になって**飽和**(saturate)する．H を減少させると，B は OP よりも上の値をとり，$H = 0$ のとき $B = B_r > 0$ となる．この B_r を**残留磁束密度**(residual flux density) という．$B = 0$ とするには，反対向きに**保磁力**(coercive force) H_c に相当する磁界を加える必要がある．さらに反対向きの磁界を増加すると，点 P と対称の位置にある点 Q に至る．この磁界を減少し，再び正の方向に増加

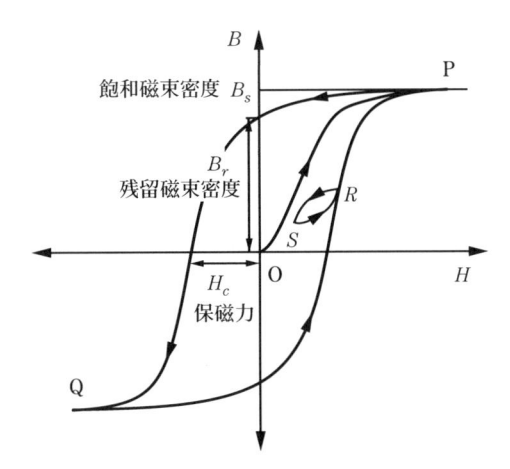

図 6.8　強磁性体の磁化曲線

させると，P→Q の曲線と対称な曲線に沿って再び点 P に至る。この**メジャーループ**(major loop) の途中で H を増減させると，R→S→R の**マイナーループ**(minor loop) を描く。ヒステリシスは，現在の状態を保とうとして起きる現象であるので，H が減少するときの B の値は，H が増加するときの B よりも大きい。

強磁性体では，通常の透磁率と微分透磁率の大きさは異なる。**図 6.9** において，通常の透磁率は原点からその点を結ぶ直線 L の傾きで

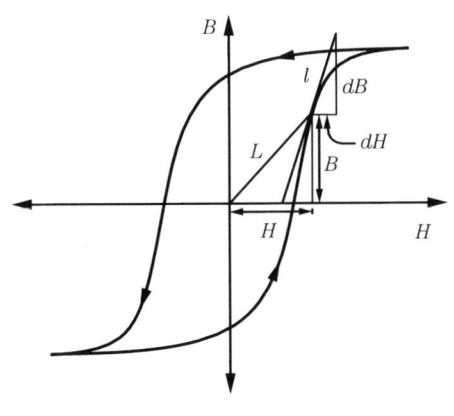

図 6.9　透　磁　率

110   6. 磁性体と磁界

$$\mu = \frac{B}{H} \quad [\text{H/m}] \tag{6.27}$$

である。微分透磁率は，その点における B-H 曲線の接線 l の傾きで

$$\mu_d = \frac{dB}{dH} \quad [\text{H/m}] \tag{6.28}$$

である。両者とも，目的によって使い分けられている。

6.7 磁気におけるガウスの定理と発散

磁極密度 ρ [Wb/m^3] と磁界 H の間にも，2.12節で述べたガウスの法則が成立し，磁界の発散は式(2.90)と同様に，つぎのようになる。

---- 磁界の発散と磁極密度の関係 ----

$$\text{div}\,\boldsymbol{H} = \nabla \cdot \boldsymbol{H} = \frac{\rho}{\mu_0} \tag{6.29}$$

しかし，電束密度が分極電荷と無関係であるのと同様に，磁束密度も磁極の影響を受けない。したがって，磁束密度 B の発散はつぎのようになる。

---- 磁束密度の発散 ----

$$\text{div}\,\boldsymbol{B} = \nabla \cdot \boldsymbol{B} = 0 \tag{6.30}$$

式(6.19)および式(6.29)，(6.30)から，磁化 J の発散はつぎのようになる。

---- 磁化の発散 ----

$$\text{div}\,\boldsymbol{J} = \nabla \cdot \boldsymbol{J} = \text{div}(\boldsymbol{B} - \mu_0 \boldsymbol{H})$$
$$= -\mu_0\,\text{div}\,\boldsymbol{H} \tag{6.31}$$

演 習 問 題

【問 6.1】 長さ l [m]，磁極の大きさが m [Wb] の2本の棒磁石が，図 6.10 のように，置かれている。棒磁石の間に働く力を計算せよ。

図 6.10　　　　　　　　　　図 6.11

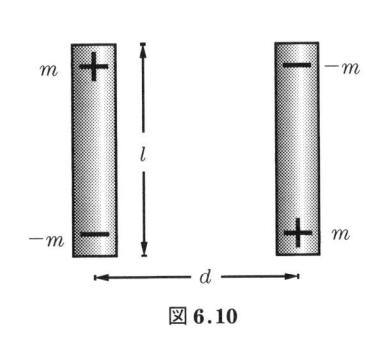

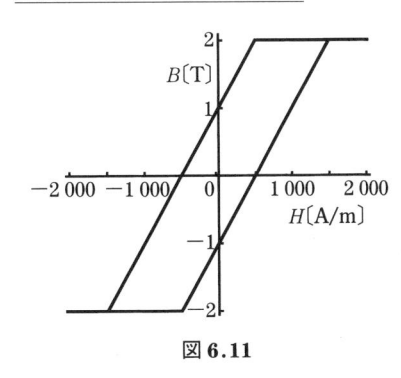

【問 6.2】 x 軸と平行な磁界 H が x に比例して $H=kx$ [A/m] で変化する。この磁界の中に長さ l [m]，磁極の大きさが m [Wb] の棒磁石を磁界と平行に置いたとき，棒磁石が F [N] なる力を受けた。長さ l における磁界の差および磁界の勾配 k を計算せよ。

【問 6.3】 長さ l [m]，断面積 S [m^2] の棒磁石が磁界 H [A/m] と垂直に置かれているとき，トルクが T [N·m] である。
 （1） 棒磁石の磁気モーメントを計算せよ。
 （2） 端面の磁極の大きさを計算せよ。
 （3） 磁化の大きさを計算せよ。

【問 6.4】 断面積 1 cm^2，長さ 10 cm の磁性体を置いたところ，磁性体の中の磁界が 150 A/m，磁気モーメントが 7.5×10^{-7} Wb·m であった。磁化の大きさ，端面の磁極の大きさ，磁化率，比磁化率，磁性体の中の磁束密度を計算せよ。

【問 6.5】 鉄の原子の磁気モーメントがすべて同じ方向を向くとき，磁化の大きさは 2.2 Wb/m^2 である。鉄原子 1 個の磁気モーメントの大きさを計算せよ。ただし，鉄原子は 1 m^3 の中に 8.55×10^{28} 個ある。

【問 6.6】 超伝導体は比磁化率が $\chi_r=-1$ の完全反磁性体と見なせる。超伝導体球が磁界 H_0 [A/m] の中に置かれたときの，磁化の大きさ，方向および内部の磁界と磁束密度を計算せよ。

【問 6.7】 図 6.11 のような磁化曲線について，保磁力，残留磁束密度，飽和磁束密度の値を答えよ。また，$H=0$ における微分透磁率を計算せよ。

7 電流と磁界

:::::::::::::::::::::::::::::: **7.1 右ねじの法則** ::::

　直線の導線に電流を流すと，図7.1(*a*)のように，電流のまわりに渦のような磁界が発生する。このときの電流の方向と磁界の方向は，図(*b*)に示すような右ねじの関係にある。あるいは図(*c*)のように，右手を用いて考えることも

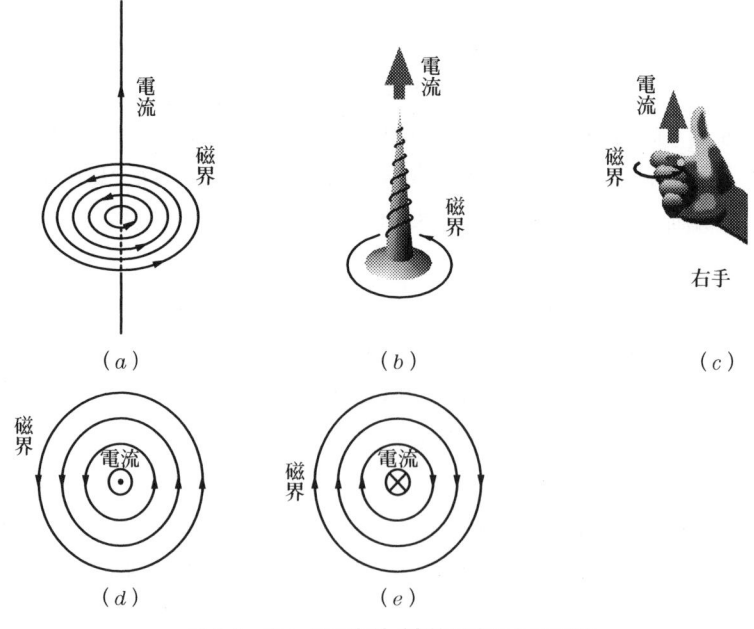

図7.1 右ねじの法則（直線電流による磁界）

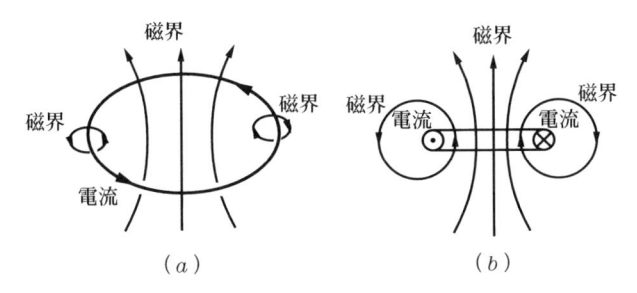

図 7.2　右ねじの法則（コイルによる磁界）

できる。

　一方，図 7.2 のように，コイルに電流が流れているときはコイルの中に磁界が生じるが，この場合も磁界と電流の方向は右ねじの関係にあり，図 7.1 において電流と磁界を入れ替えたものになる。紙面と垂直な磁界あるいは電流の方向を表すには，図 7.1(d)，(e)に示すような⊙や⊗の記号を用いる。図(d)の⊙の記号は電流が紙面と垂直に裏側から手前に向かうことを示す。これは，図 7.3 のように向かってくる矢（矢じり）を見ていることを意味する。反対に，図 7.1(e)における⊗は電流が表側から裏に向かうことを示しており，これは矢を後ろから見ている（矢羽根）ことを表す。

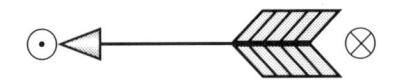

図 7.3　紙面に垂直な方向の表記法

7.2　アンペアの周回積分の法則

　前節では，電流によって磁界が発生すること，および発生する磁界の向きについて学んだ。本節以降では，電流によって発生する磁界の大きさを計算する方法について述べる。

7. 電流と磁界

最初に，アンペアの周回積分の法則（Ampere's circuital law）を用いる，最も簡単な磁界の大きさの計算方法について議論する。

アンペアの周回積分の法則

ループに沿って磁界を周回積分した値は，そのループの中を流れる電流の大きさに等しい。

周回積分については 2.11 節で詳しく述べてあるが，ここでは簡単に磁界を計算できる例のみを取り上げて説明する。

【例題 7.1】 無限に長い直線電流 I [A] から距離 r [m] のところの磁界の大きさを計算せよ。

[解 答] 直線電流のまわりの磁界は，図 7.4 に示すように，渦状で右ねじの法則にしたがうことを前節で述べた。いま，直線電流を中心軸とする半径 r [m] の円を考える。磁界は円周方向を向いており，円周上のどの点でも同じ大きさである。この場合，磁界の周回積分は，磁界の大きさ H [A/m] と円周の長さ $2\pi r$ [m] の積となる。アンペアの周回積分によれば，この積 $2\pi rH$ が電流 I [A] に等しいのであるから

$$H = \frac{I}{2\pi r} \quad [\text{A/m}] \tag{7.1}$$

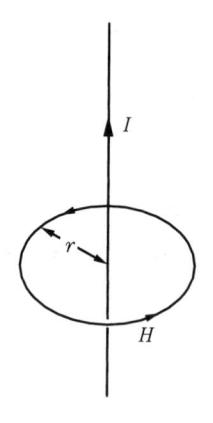

図 7.4 直線電流のまわりの磁界

となる。また，この計算から磁界の単位が [A/m] である理由もわかるであろう。

【例題 7.2】　図7.5のような半径 a [m] の無限に長い円柱導体に電流 I [A] が一様に流れている。円柱の中心軸から r [m] の点の磁界を計算せよ。

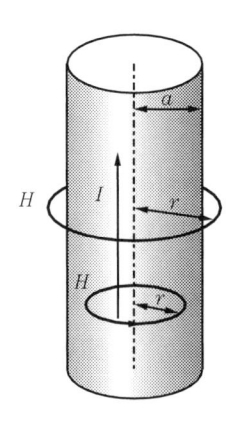

図 7.5　円柱導体を流れる電流による磁界

【解答】　円柱導体の外側（$r > a$）では，この問題は例題7.1とまったく同じであり，磁界は式(7.1)で与えられる。しかし，円柱導体の内側（$r < a$）では，半径 r [m] の円（ループ）の中を流れる電流は $(r/a)^2 I$ [A] であるので†，式(7.1)に代わって磁界は式(7.2)のようになる。

$$H = \frac{\left(\frac{r}{a}\right)^2 I}{2\pi r} = \frac{Ir}{2\pi a^2} \ \text{[A/m]} \tag{7.2}$$

【例題 7.3】　図7.6のような長さ l [m]，断面積 S [m^2] のドーナツ状の磁性体（透磁率 μ [H/m]）に導線を N 回巻き付けた**環状ソレノイド**（toroidal solenoid）に電流 I [A] を流したときの磁界および磁束を計算せよ。

【解答】　ソレノイドの中の磁界は図に示すように円形となり，右ねじの法則にしたがう方向を向く。この円周上では磁界の大きさは一定であるので，磁界の周回積分は磁界の大きさ H [A/m] と長さ l [m] の積 Hl [A] となる。一

---

† 半径 r の円の中を流れる電流は，円の面積 πr^2 [m^2] と電流密度 $I/\pi a^2$ [A/m^2] の積である。

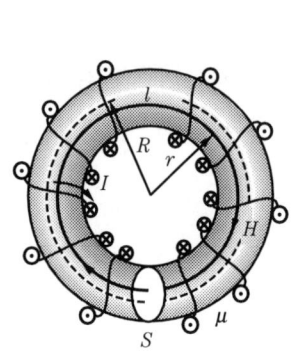

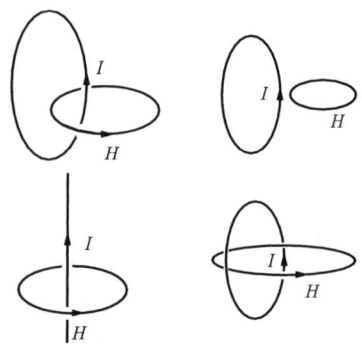

図 7.6　環状ソレノイドの磁界

図 7.7　鎖　交　の　例
（a）鎖交している例　（b）鎖交していない例

方，長さ l〔m〕の円と N 本の導線は鎖のように連結している。このことを鎖交（interlinkage）しているという。鎖交については図 7.7 を参照されたい。アンペアの周回積分の法則の「ループの中を流れる電流」は，この場合，鎖交している導線の数と電流の積 NI〔A〕である。したがって，磁界は

$$H = \frac{NI}{l} = nI \quad 〔\text{A/m}〕 \tag{7.3}$$

となる。$n = N/l$ はソレノイドの長さ 1 m 当りの巻数である。また，磁束密度は

$$B = \mu H = \frac{\mu NI}{l} \quad 〔\text{T}〕 \tag{7.4}$$

である。厳密には，H は r によって変化し，$H = NI/2\pi r$〔A/m〕であるが，コイルの断面の直径が半径 $R = l/2\pi$ よりも十分小さければ，磁界および磁束密度はソレノイドの中で一定と見なしてよく，磁束は式(7.5)で表される[†]。

$$\Phi = BS = \frac{\mu NIS}{l} \quad 〔\text{Wb}〕 \tag{7.5}$$

【例題 7.4】　図 7.8 に示すような 1 m 当りの巻き数が n 回の無限に長いソレノイドに電流 I〔A〕を流したときの磁界を計算せよ。

---

† 磁束密度が一定と見なせない場合の磁束の計算は 7.6 節で述べる。

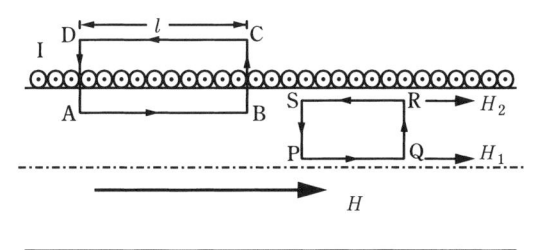

7.2 アンペアの周回積分の法則

図 **7.8** 無限長ソレノイドの磁界

[解答 1] 例題 7.3 の環状ソレノイドの，断面積と長さ 1 m 当りの巻数 $n=N/l$ を一定に保ちながら R を限りなく大きくしていくと，図のような**無限長ソレノイド**に限りなく近付く．したがって，ソレノイドの中の磁界は式 (7.3) と同様に，式 (7.6) のように得られる．

$$H = nI \quad [\text{A/m}] \tag{7.6}$$

環状ソレノイドの R が大きくなると，r による H の変化が小さくなることを例題 7.3 で述べた．無限長ソレノイドは R が無限大の環状ソレノイドと考えると，磁界の強さは無限長ソレノイドの中で一定である．また，環状ソレノイドと同様に，無限長ソレノイドには端がないので磁界はソレノイドの外には漏れず，ソレノイドの外の磁界は $H=0$ である．

[解答 2 ★] 今度は同じ問題を，アンペアの周回積分の法則を用いて厳密に考える．図 7.8 において，ループ ABCDA に沿っての磁界の周回積分[†]は，AB, BC, CD, DA の 4 区間（四つの線積分）に分けられる．最初に，AB の区間では，磁界 H は一定で，磁界と線分 AB は平行である（向きも同じ）であるので，この区間の線積分は磁界 H と長さ l の積 Hl である．BC および DA の区間では，磁界とこれらの線分が垂直であるので，この区間の線積分は 0 である．最後に，CD では磁界が 0 なので，この区間の線積分も 0 である．結局，ループ ABCDA に沿っての磁界の周回積分は

[†] ループの矢印の向きと電流の向きを右ねじの関係にとる．周回積分の詳細については，2.11 節参照．

$$\oint_{ABCDA} \boldsymbol{H} \cdot d\boldsymbol{s} = Hl \quad [\text{A/m}] \tag{7.7}$$

である．一方，アンペアの周回積分の法則によると，この値は，ループABCDA の中を流れている電流に等しい．このループの中には導線が nl 本あるので，式(7.7)の値と等しくなる電流の値は nlI [A] である．結局，ソレノイドの中の磁界は式(7.6)となる．

つぎに，ソレノイドの中で磁界が一定であることを証明しよう．今度は図のPQRSP のループに沿っての周回積分を計算する．もし，ソレノイドの中心軸付近と周辺で磁界の大きさが異なり，それぞれ H_1, H_2 であるならば，PQ の区間の線積分は $H_1 l$ となり，RS の区間の線積分は $-H_2 l$ となる．マイナス記号がつくのは RS の矢印と磁界 H_2 の向きが反対だからである．QS, RP の区間の線積分は，BC, DA と同様に 0 である．したがって，ループ PQRSP に沿っての周回積分の値は $(H_1-H_2)l$ となるが，図から明らかなように，このループと鎖交する電流は 0 であるので，周回積分の値も 0 である．すなわち

$$\oint_{PQRSP} \boldsymbol{H} \cdot d\boldsymbol{s} = (H_1 - H_2)l = 0 \quad [\text{A/m}] \tag{7.8}$$

結局，式(7.8)より $H_1 = H_2$ であることがわかる．ループ PQRSP を，ソレノイドの中のいかなる位置に置いても H_1 と H_2 は等しいので，ソレノイドの中の磁界は一定であることがわかる．

同様に考えると，ソレノイドの外でも磁界が一定であることがわかる．無限遠方では $H=0$ なので，ソレノイドの外のどこでも $H=0$ となる．

7.3　ビオ・サバールの法則

図 7.9 のように電流 I [A] が流れているとき，この電流による磁界を計算する．

―― ビオ・サバールの法則 ――――――――――――――――――

電流の流れている導線の一部分 $\varDelta s$ による点 P の磁界は

$$\varDelta H = \frac{I\varDelta s}{4\pi r^2} \sin\theta \quad [\text{A/m}] \tag{7.9a}$$

$$\varDelta \boldsymbol{H} = \frac{I\varDelta \boldsymbol{s} \times \boldsymbol{r}}{4\pi r^3} \quad [\text{A/m}] \quad (ベクトル表示) \tag{7.9b}$$

で与えられる。

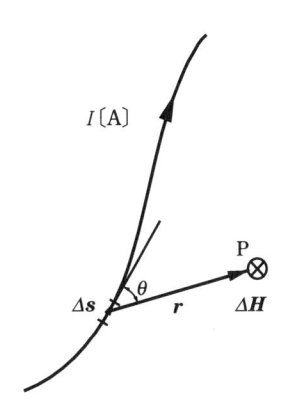

図7.9 ビオ・サバールの法則

ここで，r は導線の微小部分 $\varDelta s$ と点 P の間の距離であり，θ は $\varDelta s$ の部分の電流の方向と直線 r の間の角度である。この微小磁界の向きは，直線 r と電流の方向の両者に垂直で，右ねじの法則にしたがう方向である。**ビオ・サバールの法則**（Biot-Savart's law）の導出については，演習問題問 8.2 に出題し，解答とともに説明する。

　導線全体による磁界は，導線を多数の微小な区間に区切り，それぞれの微小部分が点 P に作る磁界を計算し，方向も考慮しながら総和をとることによって得られる。これは数学の積分と呼ばれる計算である。また，総和の計算に電子計算機を用いることも可能であり，複雑な形の電流による磁界を計算する場合にしばしば利用される。この節では，ビオ・サバールの法則を用いて簡単に計算できる磁界の例を示す。

【例題 7.5】　図7.10 に示すような半径 a [m] の円形コイルに電流 I [A] を流したときのコイルの中心の磁界を計算せよ。

120   7. 電流と磁界

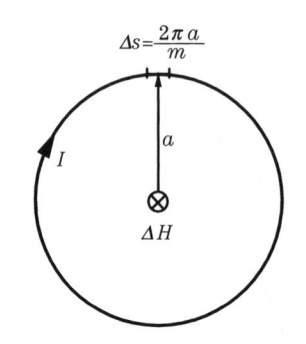

図 7.10　円形コイルの中心の磁界

[解答]　円形コイルの導線を m 等分すると，一つの微小部分の長さは $\varDelta s = 2\pi a/m$ [m] である．また，円の半径と接線は垂直であることから，式(7.9)の θ は $90°$ である．したがって，一つの微小部分による磁界は

$$\varDelta H = \frac{I \varDelta s}{4\pi r^2} \sin\theta = \frac{I}{4\pi a^2} \frac{2\pi a}{m} = \frac{I}{2ma} \quad \text{[A/m]} \tag{7.10}$$

となる．この磁界の向きは円形コイルの中心軸の方向，すなわちコイルの面と垂直な方向である．他のいずれの微小部分が作る磁界もこれと同じ大きさ，同じ方向の磁界であるので，総和をとって円形コイル全体による磁界を計算すると

$$H = m \varDelta H = \frac{I}{2a} \quad \text{[A/m]} \tag{7.11}$$

で与えられることがわかる．円形コイルが N 回巻きのときは，N 倍の電流が流れていることとまったく同じであるから

$$H = \frac{NI}{2a} \quad \text{[A/m]} \tag{7.12}$$

となる．

【例題 7.6】　半径 a [m] の円形コイルに電流 I [A] を流したときのコイルの中心軸上 z [m] の点 P の磁界を計算せよ．

[解答]　例題 7.5 と同様に円形コイルの導線を m 等分する．一つの微小部分と点 P を結ぶ直線の距離は $r = \sqrt{a^2 + z^2}$ [m] である．また，この直線と微小

部分を流れる電流の方向は垂直であることから，式(7.9)の θ は $90°$ である。したがって，一つの微小部分による磁界は

$$\Delta H = \frac{I\Delta s}{4\pi r^2}\sin\theta = \frac{I}{4\pi(a^2+z^2)}\frac{2\pi a}{m} = \frac{aI}{2m(a^2+z^2)} \quad [\text{A/m}] \quad (7.13)$$

で与えられる。この微小磁界の方向は右ねじの法則にしたがい，図 **7.11** に示すとおりである。すべての微小部分の作る磁界の総和をとるとき，ΔH の z 軸に垂直な成分は打ち消し合い，z 軸と平行な成分だけが加え合わせられる。ΔH の z 軸と平行な成分は，三角形の相似から $\Delta H_z = (a/r)\Delta H$ であるから，総和をとって円形コイル全体による磁界を計算すると

$$H = m\Delta H_z = m\frac{a}{r}\frac{aI}{2m(a^2+z^2)} = \frac{a^2 I}{2(a^2+z^2)^{3/2}} \quad [\text{A/m}] \quad (7.14)$$

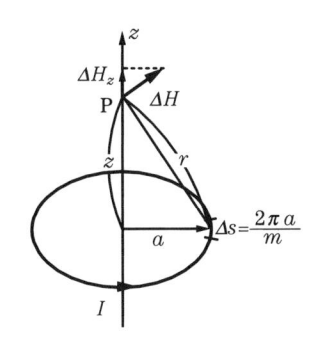

図 **7.11** 円形コイルの中心軸上の磁界

7.4 有限直線電流による磁界

【例題 7.7】 図 **7.12** に示す長さ l [m] の直線電流 I [A] から a [m] 離れた点 P の磁界を計算せよ。

[解答] この電流の微小部分 dx が点 P に作る微小磁界 dH はビオ・サバールの法則から

7. 電流と磁界

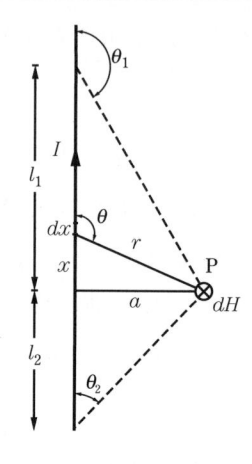

図 7.12 有限長電流による磁界

$$dH = \frac{I}{4\pi r^2} \sin\theta \, dx \quad [\text{A/m}] \tag{7.15}$$

である。dH の向きは x によらず，つねに紙面に垂直である。したがって，点 P の磁界 H は dx による微小磁界 dH を電流全体について加えることによって式(7.16)のように得られる。

$$H = \int_{-l_2}^{l_1} \frac{I}{4\pi r^2} \sin\theta \, dx \quad [\text{A/m}] \tag{7.16}$$

ここで図から明らかなように，$x = -a\cot\theta$，$r = a/\sin\theta$ の関係があるから，$dx = a/\sin^2\theta \, d\theta$ となり，式(7.16)は式(7.17)のようになる。

$$H = \frac{I}{4\pi} \int_{\theta_2}^{\theta_1} \frac{\sin\theta}{\frac{a^2}{\sin^2\theta}} \frac{a d\theta}{\sin^2\theta} = \frac{I}{4\pi a} \int_{\theta_2}^{\theta_1} \sin\theta \, d\theta$$

$$= \frac{I}{4\pi a}(-\cos\theta_1 + \cos\theta_2)$$

$$= \frac{I}{4\pi a}\left(\frac{l_1}{\sqrt{l_1^2 + a^2}} + \frac{l_2}{\sqrt{l_2^2 + a^2}}\right) \quad [\text{A/m}] \tag{7.17}$$

無限長直線電流の場合は，$l_1, l_2 \to \infty$ あるいは $\theta_1 \to \pi$，$\theta_2 \to 0$ であるので，$H = I/2\pi a \, [\text{A/m}]$ となり，式(7.1)と同じになる。

7.5 磁気回路

6.4節において磁束の性質の(2)にあげたように,磁束は電流と同様に必ず閉じたループになる。このことから,磁束の通る通路(**磁路**,magnetic path)を電気回路と同様に扱い,**磁気回路**(magnetic circuit)として考えることにより,磁路を通る磁束の大きさを容易に計算することができる。

最も簡単な磁気回路は図7.13(a)に示す環状ソレノイドである。式(7.5)から,磁束は

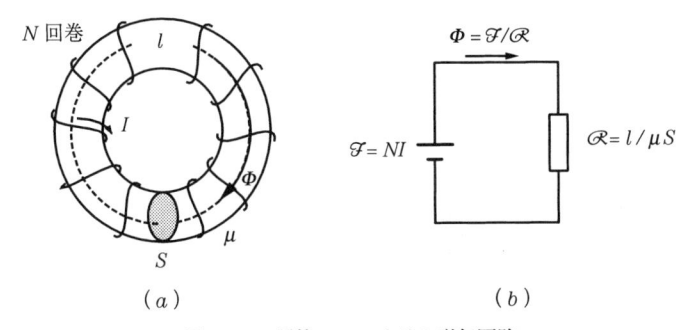

図7.13 環状ソレノイドの磁気回路

$$\varPhi = \frac{NI}{l/\mu S} \quad \text{[Wb]} \tag{7.18}$$

と書くことができる。これを電気回路のオームの法則と比較し,磁束を電流に対応させると,式(7.18)の分母

$$\mathscr{R} = \frac{l}{\mu S} \quad \text{[A/Wb]} \tag{7.19}$$

は,磁性体の材料および寸法で決まるので,これを電気回路の抵抗のように考えて**磁気抵抗**(magnetic resistance)または**リラクタンス**(reluctance)という[†]。そして,分子

$$\mathscr{F} = NI \quad \text{[A]} \tag{7.20}$$

[†] 磁気抵抗の単位として[H^{-1}]も使用する。

124　7. 電流と磁界

は電気回路の起電力に相当し，**起磁力**（magnetomotive force）と呼ぶ。このような対応関係を用いると，図(a)の磁気回路は図(b)のような等価回路で表される。電気回路と磁気回路の対応関係を**表7.1**に示す。

表7.1　電気回路と磁気回路の対応

電気回路		磁気回路	
起電力	U [V]	起磁力	$\mathcal{F}$ [A]
電流	I [A]	磁束	Φ [Wb]
電流密度	J [A/m²]	磁束密度	B [T]
電気抵抗	R [Ω]	磁気抵抗	$\mathcal{R}$ [A/Wb]
コンダクタンス	G [S]	パーミアンス	P [Wb/A]
導電率	σ [S/m]	透磁率	μ [H/m]

【例題 7.8】　図7.14(a)に示すような空隙のある環状ソレノイドの磁束を計算せよ。

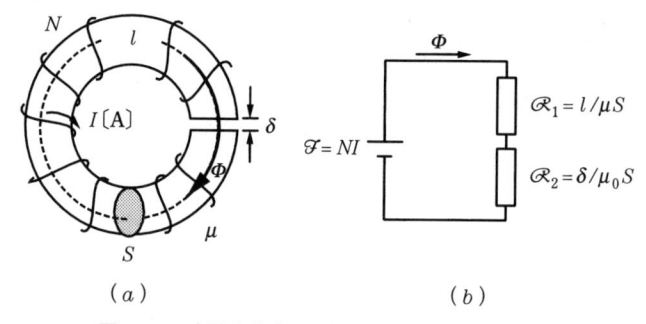

図7.14　空隙を有する環状ソレノイドの磁気回路

[解答]　磁性体と空隙の磁気抵抗はそれぞれ $\mathcal{R}_1 = l/\mu S$, $\mathcal{R}_2 = \delta/\mu_0 S$ [A/Wb] であるので，図(a)の磁気回路は図(b)に示すような等価回路で表される。これより，磁束は式(7.21)のようになる。

$$\Phi = \frac{NI}{\dfrac{l}{\mu S} + \dfrac{\delta}{\mu_0 S}} \quad [\text{Wb}] \tag{7.21}$$

【例題 7.9】　図7.15(a)に示す磁気回路の磁束 Φ を計算せよ。ただし，磁性体の透磁率は μ [H/m] で，断面積は S [m²] である。

7.5 磁気回路

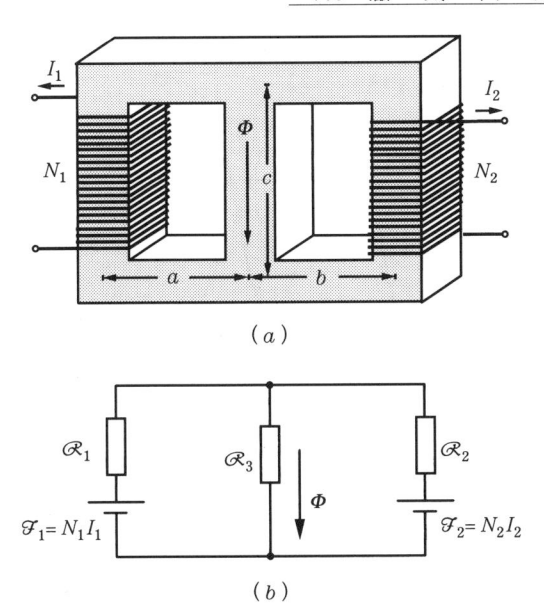

図7.15 磁気回路と等価回路

[解 答] 磁気回路を三つの部分に分けると，等価回路は図(b)のようになる。この場合の磁気抵抗は，それぞれ以下のようになる。

$$\mathcal{R}_1 = \frac{2a+c}{\mu S} \quad [\text{A/Wb}] \tag{7.22a}$$

$$\mathcal{R}_2 = \frac{2b+c}{\mu S} \quad [\text{A/Wb}] \tag{7.22b}$$

$$\mathcal{R}_3 = \frac{c}{\mu S} \quad [\text{A/Wb}] \tag{7.22c}$$

起磁力の向きについては右ねじの法則を用い，導線の巻き方と電流の向きに注意する。図(b)の電圧源を電流源に変換すると[†]，Φ は簡単に得られる。

$$\Phi = \frac{R_2 N_1 I_1 + R_1 N_2 I_2}{R_1 R_2 + R_2 R_3 + R_3 R_1} \quad [\text{Wb}] \tag{7.23}$$

【例題 7.10】 図7.14の磁性体が図7.16に示すようなヒステリシス特性を持つ場合，磁性体の磁束密度と磁界を計算せよ。

[†] 演習問題5.6を参照。

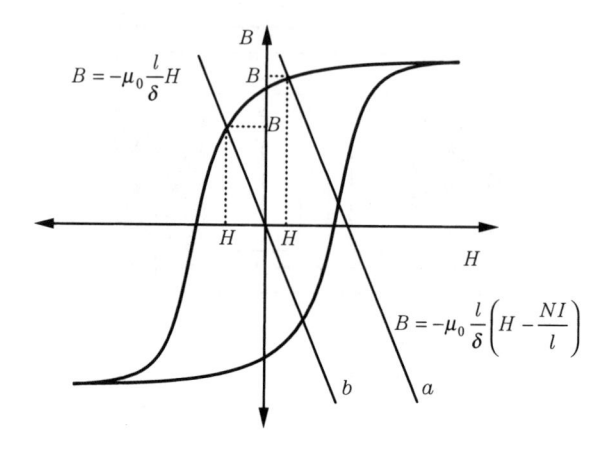

図 **7.16** ヒステリシス特性

解 答 磁性体の中の磁束密度と磁界をそれぞれ B [T], H [A/m] とすると, 空隙の中でも磁束密度は変わらないが, 空隙の磁界は $H_0=B/\mu_0$ [A/m] である。磁界の周回積分は, 空隙と磁性体の長さにそれぞれの磁界を加えたものであり, アンペアの周回積分の法則によると, これが鎖交する電流 NI に等しい。したがって, 式(7.24)が得られる。

$$Hl+H_0\delta=Hl+\frac{B}{\mu_0}\delta=NI \quad [\mathrm{A}] \tag{7.24}$$

結局, B と H は, 図の磁化曲線とともに式(7.24)の関係も同時に満たさなければならないことから, 式(7.24)を表す直線 a と磁化曲線の交点が磁性体の中の B と H を表す。

図の磁性体が永久磁石で, 導線が巻かれていない場合は, 式(7.24)において $NI=0$ なので, 図の直線 b との交点が永久磁石の中の B と H を表す。この場合, B が残留磁束密度よりも小さく, 空隙によって永久磁石が減磁されていることがわかる。また, 空隙の磁界は $H_0=B/\mu_0$ [A/m] から得られる。

7.6 磁束密度が一定でない場合の磁束の計算

図 7.17 において，磁束密度 B が面積 S の中で一定ならば，磁束は $\Phi = B_n S$ 〔Wb〕で与えられる。ここで $B_n = B \cos\theta$ は，B の面積 S の外向き法線方向成分である。磁束密度が一定でない場合は，図の微小面積 dS を通過する微小磁束 $d\Phi = B_n dS$ を面積 S の全体にわたって加える（積分する）ことにより得られる。面の法線方向を向くベクトル $d\boldsymbol{S}$ を用いると，$B_n dS$ は内積 $\boldsymbol{B}\cdot d\boldsymbol{S}$ と表すことができるので，Φ は式(7.25)で与えられる。

$$\Phi = \int_S B_n dS = \int_S \boldsymbol{B}\cdot d\boldsymbol{S} \quad 〔\text{Wb}〕 \tag{7.25}$$

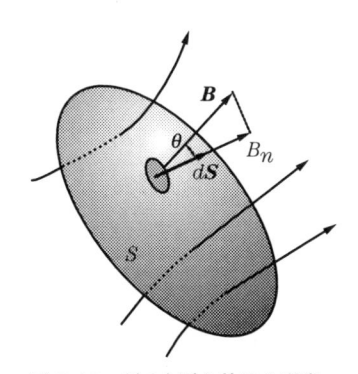

図 7.17 面 S を通り抜ける磁束

【例題 7.11】 図 7.18 に示す断面が四角の環状ソレノイドの磁束を計算せよ。ただし，磁性体の透磁率は μ〔H/m〕，導線の巻き数は N 回，導線を流れる電流は I〔A〕である。

解答 例題 7.3 では環状ソレノイドの中の磁界を一定と見なしたが，$(b-a)/a \ll 1$ ではない場合には r による磁界の変化を無視できない。中心軸から r〔m〕のところの磁界は，アンペアの周回積分の法則より

$$H = \frac{NI}{2\pi r} \quad 〔\text{A/m}〕 \tag{7.26}$$

128   7. 電流と磁界

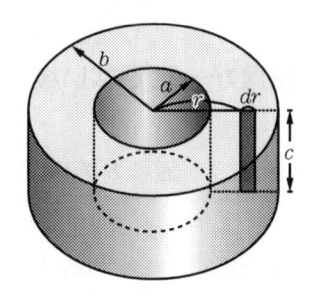

図7.18 環状ソレノイドの磁性体

となる．したがって，磁性体の断面における幅 dr の微小面積を通る磁束の大きさは

$$d\Phi = \frac{\mu NI}{2\pi r} c\, dr \quad [\text{Wb}] \tag{7.27}$$

である．よって，断面全体を通る磁束の大きさは

$$\Phi = \int_a^b \frac{\mu NI}{2\pi r} c\, dr = \frac{\mu NI}{2\pi} c \ln\left(\frac{b}{a}\right) \quad [\text{Wb}] \tag{7.28}$$

となる．

演習問題

【問 7.1】 水平な無限に広い導体（超電導体）の表面から高さ h [m] で水平に張られた導線を，I [A] の電流が北へ向かって流れている．
  （1） 導線の真下で導体の表面からの高さが y [m] の位置の磁界の大きさと向きを計算せよ．
  （2） 導線の真下から導体の表面に沿って東または西へ x [m] 離れた位置の磁界の大きさと向きを計算せよ．

【問 7.2】 内外の半径が，それぞれ a, b [m] の円柱のパイプの導体中を，電流密度 J [A/m^2] で電流が一様に流れている．中心軸から r [m] のところの磁界を計算せよ．$r<a$, $a<r<b$, $r>b$ について考えよ．

【問 7.3】 平均磁路長が 20 cm，断面積が 15 cm² のドーナツ型の磁性体にコイルが 200 回巻いてある．コイルに 0.2 A の電流が流れているときの，磁束が 8.5×10^{-4} Wb である．この磁性体の比透磁率を計算せよ．

【問 7.4】 直径が d [m] のガラスの円柱に導線を N 回巻き付けたところ，ソレノイドの長さが L [m] になった．I [A] の電流を流すとき，ソレノイドの中心付近の磁界を計算せよ（$d \ll L$ のとき，無限長ソレノイドと見なして近似計算できる）．

【問 7.5】 図 7.19 に示すような磁気回路の磁束 Φ を計算せよ．ただし，磁性体の透磁率は μ [H/m]，断面積は S [m²] である．

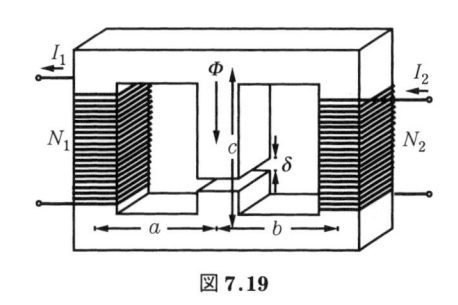

図 7.19

【問 7.6】 半径 a [m]，N 回巻きの円形コイルを，その中心軸が東西を向くように置き，I [A] の電流を流した．このときコイルの中心に磁針を置いたところ，北西を指した．地球磁界の大きさを計算せよ．

【問 7.7】 x 軸と垂直な厚さ t [m] の無限に広い導体板の中を電流密度 J [A/m²] で電流が z 方向に流れている．板の中心から x [m] の位置の磁界を計算せよ．

【問 7.8】 半径 a [m]，N 回巻きの二つの円形コイルを，中心軸を共通にして d [m] の間隔で平行に置き，両方のコイルに同じ向き，大きさの電流 I [A] を流す．

  (1) 中心軸上で二つのコイルの中心からの距離が z [m] の位置の磁界 H を計算せよ．

  (2) ★$d=a$ のとき，$z=0$ において磁界が平坦，すなわち $dH/dz = d^2H/dz^2 = 0$ であることを示せ．この 1 セットのコイルをヘルムホルツ・コイル（Helmholtz coil）という．

【問 7.9】 図 7.20 に断面を示すように，半径 a [m] の無限に長い管状の導体がある。ただし，半径 b [m] の穴の中心は中心軸から d [m] ずれている。この導体に電流密度 J [A/m²] の電流を流すとき，穴の中の磁界を計算せよ。

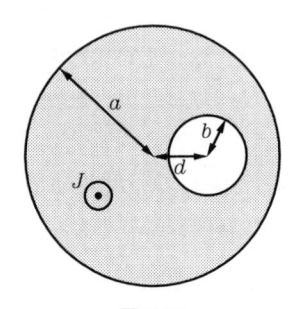

図 7.20

【問 7.10】 水素原子の簡単なモデルでは，電子が陽子のまわりを半径が 5.29×10^{-11} m の円軌道を描いて回転している。
 （1） 電子の速度を計算せよ。
 （2） 電流の大きさを計算し，電子が原子核の位置に作る磁界の大きさを計算せよ。

【問 7.11】 ★電荷密度 σ [C/m²] で帯電した半径 a [m] の導体球が，任意の直径を中心軸として角速度 ω [rad/s] で回転するとき，球の中心の磁界を計算せよ。

【問 7.12】 ★辺の長さが a [m]，N 回巻きの正方形のコイルに電流を I [A] 流したときのコイルの中心の磁界を計算せよ。

【問 7.13】 図 7.21 に示すような U 字型の導線に電流 I [A] を流したときの，点 P の磁界を計算せよ。

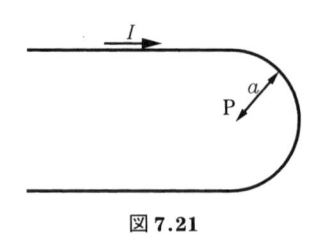

図 7.21

8 電磁力と電磁誘導

8.1 磁界中の電流に作用する力

図8.1(a)のように，磁束密度が B [T] の磁界の中を，I [A] の電流が磁界と垂直に流れているとき，この電流が磁界から受ける力はつぎのとおりである。

---- 磁界中の電流に作用する力（電磁力）----

電流の流れている導線は単位長さ当り，磁界から

$$f = IB \quad [\text{N/m}] \tag{8.1}$$

で与えられる大きさの電磁力を受ける。

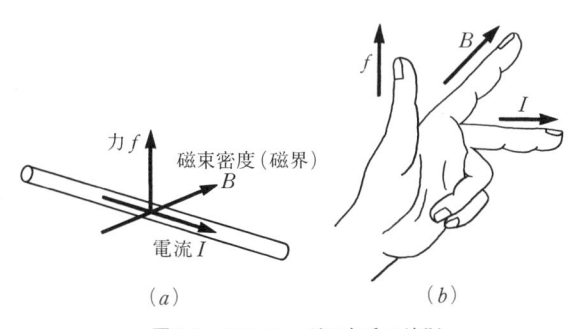

(a)　　　　　　(b)

図 8.1 フレミングの左手の法則

力 f の方向は，図(a)に示すように，電流 I，磁束密度 B の両方に垂直な方向である。これを図(b)のように，f, I, B の向きの関係を左手の指に対応させて表したものを**フレミングの左手の法則**（Fleming's left-hand rule）と

いう．磁界と電流が平行な場合には電磁力は発生しない．

図8.2に示すように，磁界と電流の間の角度が θ のときは，磁界を電流と垂直な成分と平行な成分に分けて考える．電流に力を及ぼすのは電流と垂直な磁界の成分だけであるから，式(8.1)はつぎのようになる．

$$f = IB_\perp = IB \sin \theta \quad [\text{N/m}] \tag{8.2}$$

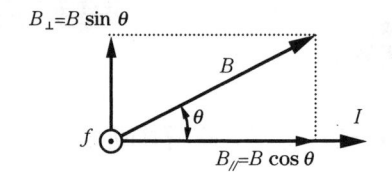

図8.2 磁界と電流が斜めの場合の電磁力

【例題 8.1】 図8.3に示すような長方形のループ電流 I [A]が，磁束密度 B [T]の一様な磁界の中に角度 ϕ で置かれているとき，この長方形のコイルに働くトルクを計算せよ．

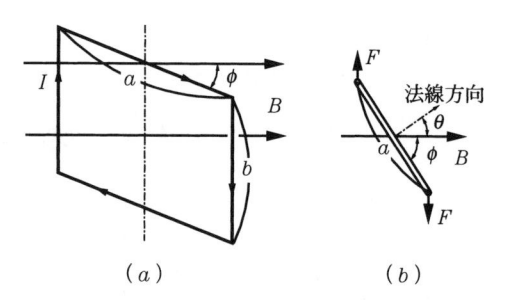

図8.3 ループ電流に作用するトルク

解答 コイルの a 辺に働く力は，式(8.2)から $F = IBa \sin \phi$ [N]であるが，上と下の辺に働く力はたがいに反対向きで打ち消し合う．一方，b 辺に働く力は，式(8.1)から $F = IBb$ [N]である．この場合も，2本の b 辺に働く力はたがいに反対向きであるが，図(b)に示すように，これらの力は回転力を生み出す．トルクは力 F と F に垂直な腕の長さ $a \cos \phi$ の積となる．

$$T = IBb \times a \cos \phi \quad [\text{N·m}] \tag{8.3}$$

この電流ループに働くトルクを,図8.4において,磁気双極子に働くトルクと比較する。図(b)は図6.3とまったく同じであり,この双極子に働くトルクは例題6.3ですでに導出してある。

$$T = MH \sin \theta \quad [\text{N·m}] \tag{6.11}$$

$B = \mu_0 H$ であることを考慮し,さらに $\phi = 90° - \theta$ および

$$M = \mu_0 Iab \quad [\text{Wb·m}] \tag{8.4}$$

と置くことにより,式(8.3)と式(6.11)は一致する。以上のことから,ループ電流は磁気双極子と同様に**磁気モーメント**を有すると考えられる。式(8.4)において $ab = S\,[\text{m}^2]$ はループ電流の面積であることを考慮すると,電流ループによる磁気モーメントはつぎのようになる。

$T = Iab\, B \sin \theta = MH \sin \theta$
(a)

$T = mlH \sin \theta = MH \sin \theta$
(b)

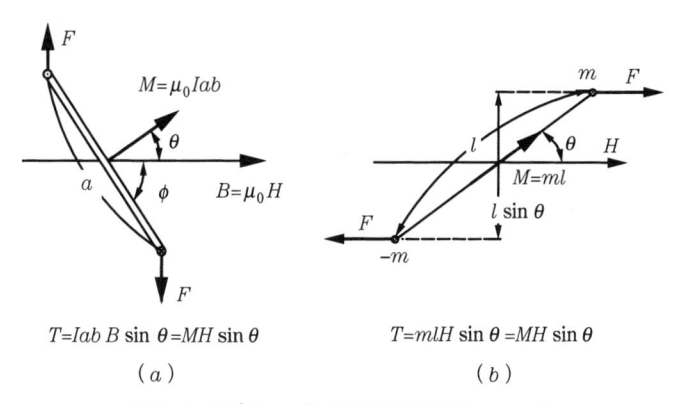

図8.4 電流ループと双極子の磁気モーメント

---- ループ電流による磁気モーメント ----

ループ電流による磁気モーメントの大きさは,電流 I,ループの囲む面積 S,および真空の透磁率 μ_0 の積である。

$$M = \mu_0 IS \quad [\text{Wb·m}] \tag{8.5}$$

磁気モーメントの方向はループの面と垂直で,電流と右ねじの関係にある(図8.4(a)参照)。

式(8.5)はループの形が長方形ではない任意の場合にも成り立つ。ループが長方形でない場合は，図8.5のように電流 I [A] が流れている細長い長方形の集まりと考えればよい[†]。隣接する長方形の重なり合う辺に流れる電流はたがいに打ち消し合うので，電流は外周のみを流れるのと等価である。ループ全体に働くトルクは，それぞれの長方形のトルクの総和であるので，結局ループの面積に比例し，式(8.5)に帰着する。

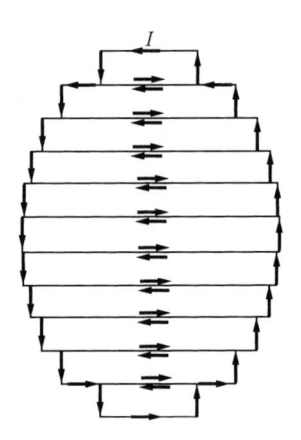

図 8.5 任意の形のループ電流

【例題 8.2】 図8.6(a)に示すように，間隔 a [m] の2本の平行な導線に電流 I_1, I_2 [A] が同じ向きに流れているとき，この電流に働く力の大きさと向きを計算せよ。

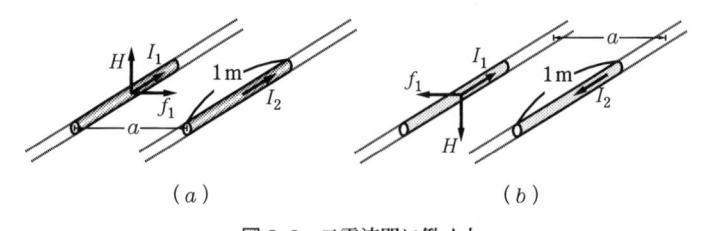

図 8.6 二電流間に働く力

[†] 長方形を細くして数を多くすると，外周の線は曲線に近付く。

解答 一方の電流（I_2）が他方の導線（I_1）の位置に作る磁界はアンペアの周回積分の法則により $H=I_2/2\pi a$ 〔A/m〕である。この磁界の方向は右ねじの法則により図(a)に示すとおりである。電流 I_1 がこの磁界から受ける1m当りの力は，式(8.1)から

$$f = I_1 B = I_1 \times \mu_0 \frac{I_2}{2\pi a} = \frac{\mu_0 I_1 I_2}{2\pi a} \quad \text{〔N/m〕} \tag{8.6}$$

となる。力の向きはフレミングの左手の法則から電流 I_2 の導線に引き寄せられる力となる。I_2 の導線にも同じ力が働くので，たがいに1m当たり f 〔N〕の力で引き合う。

また，図(b)に示すように電流 I_1，I_2 の向きが反対のときは，力の向きが反対になるので，この場合は反発力となる。

8.2 磁界中の荷電粒子に作用する力

電荷 q 〔C〕の荷電粒子を1m当りに N 個有する導線において，電流 I 〔A〕と荷電粒子の速度 v 〔m/s〕の間の関係は，式(5.20)よりつぎのようになる（$ns=N$）。

$$I = Nqv \quad \text{〔A〕} \tag{8.7}$$

図8.7に示すように，式(8.2)の力 f は，導線の1mに含まれる N 個の荷電粒子に働く力の総和と考えられる。したがって，粒子1個が磁界から受ける力は

$$F = \frac{IB \sin \theta}{N} = \frac{NqvB \sin \theta}{N}$$

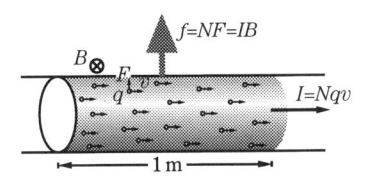

図8.7 導線の中の荷電粒子が磁界から受ける力

$$= qvB\sin\theta \quad [\mathrm{N}] \tag{8.8}$$

で与えられる。

電流あるいは電荷を持つ粒子が磁界から受ける力を**電磁力**(electromagnetic force)という†。電荷に働く力は，2章で学んだ電界から受ける力と電磁力のみである。両者を合わせて，**ローレンツ力**(Lorentz force)と呼んでいる。

---- **ローレンツ力** ----

図8.8のように磁界と電界が垂直に印加されている場合は，荷電粒子にはつぎのようなローレンツ力が紙面と垂直に働く。

$$F = q(E + vB\sin\theta) \quad [\mathrm{N}] \tag{8.9a}$$

磁界と電界の向きが一般的な場合はベクトルを用いて，つぎのように表す。

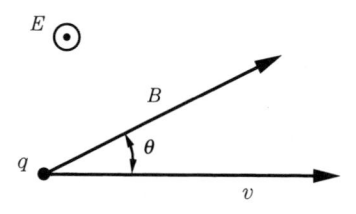

$$\boldsymbol{F} = q(\boldsymbol{E} + \boldsymbol{v}\times\boldsymbol{B}) \quad [\mathrm{N}] \tag{8.9b}$$

図 8.8 電界と磁界が直交して加えられている場合

【例題 8.3】 図8.9に示すように，磁束密度が B [T] の一様な磁界の中を電荷 q [C]，質量 m [kg] の粒子が磁界と垂直な速度 v [m/s] で運動しているとき，この粒子に働く力の大きさを計算し，この粒子の円軌道の半径を計算せよ。

[解答] 式(8.8)において $\theta = 90°$ であるから，粒子に働く力は

---

† 磁界から電荷が力を受ける理由については，ファインマン物理学Ⅲ 電磁気学（岩波書店）13-6節にわかりやすく述べられている。

8.3 電磁誘導

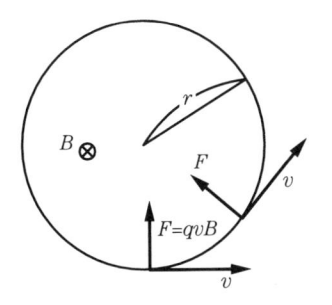

図8.9 磁界中の荷電粒子の運動

$$F = qvB \quad [\text{N}] \tag{8.10}$$

である。この力の向きはフレミングの左手の法則から，図に示すとおりである。粒子の軌道は力 F により上に曲がるが，力 F の向きはつねに速度 v と垂直である。したがって，粒子の軌道は円となる。円軌道の半径を r [m] とすると，向心力が電磁力 F であるから，つぎの関係が成り立つ。

$$\frac{mv^2}{r} = qvB \quad [\text{N}] \tag{8.11}$$

よって

$$r = \frac{mv}{qB} \quad [\text{m}] \tag{8.12}$$

ちなみに，この円運動の角速度 ω は速度によらず一定であり，**サイクロトロン角周波数**（cyclotron angular frequency）と呼ばれている。

$$\omega = \frac{v}{r} = \frac{qB}{m} \quad [\text{rad/s}] \tag{8.13}$$

8.3 電磁誘導

電流により磁界が発生することを7章で学んだ。反対に磁界によって起電力が発生する**電磁誘導**（electromagnetic induction）についてつぎに学ぶ。

【例題 8.4】 図8.10に示すように，長さ l [m] の導体棒が磁束密度が B

[T] の一様な磁界の中を速度 v [m/s] で運動している。このとき，導体棒の中の自由に動ける荷電粒子 q [C] が磁界から受ける力と，この力を打ち消すのに必要な電界を計算せよ。

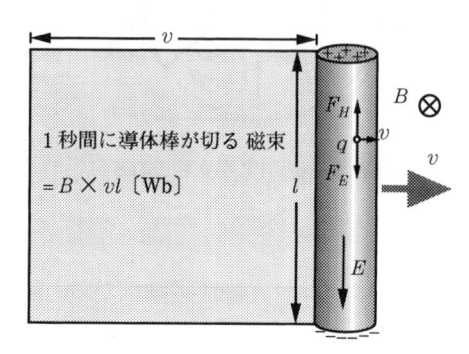

図 8.10 磁界中を運動する導体に誘起される電界

[解答] 粒子が磁界から受ける力は

$$F_H = qvB \quad [\text{N}] \tag{8.14}$$

であり，またフレミングの左手の法則により上向きである。この力によって荷電粒子は上に移動し，導体棒の上に正電荷，下に負電荷がたまる。

この電荷によって導体棒の中に電界 E [V/m] が発生し，電界から受ける力 $F_E = qE$ と磁界から受ける力 F_H が釣り合うと，荷電粒子の移動が終了して電荷の分布および電界が変化しなくなる。したがって，定常状態では

$$F = qvB = qE \quad [\text{N}] \tag{8.15}$$

から，電界は

$$E = vB \quad [\text{V/m}] \tag{8.16}$$

となる。また，導体棒の両端の電圧は

$$V = El = vBl \quad [\text{V}] \tag{8.17}$$

に等しく，これは**導体棒が1秒間に切る磁束の数に等しい**。

【例題 8.5】 図 8.11 に示すように，コの字形の回路の上を導体棒が速度 v [m/s] で運動している。2本の線の間の電圧を計算せよ。

[解答] 例題 8.4 と同様に，導体棒には $E = vB$ [V/m] の電界が発生して

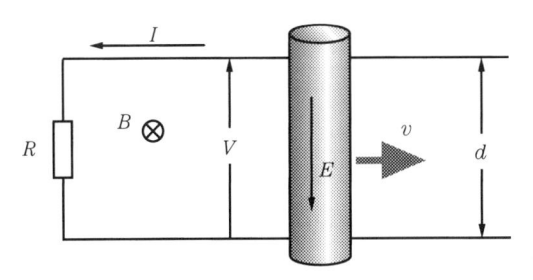

図 **8.11** 電磁誘導により回路に誘起される電圧

いる．したがって，2本の線の間には

$$V = Ed = vBd \quad [\text{V}] \tag{8.18}$$

の電圧が発生する．

　一方，導体棒を含んだ回路に囲まれた面積は1秒間に vd [m²/s] の割合で増加するので，この面積を通過する磁束の量 Φ は1秒間に Bvd の割合で増加する．これは，式(8.18)で与えられる電圧に等しい．

　この例では導体棒が運動しているが，導体棒が静止していて，B の時間的な変化によって Φ が変化する場合にも，誘起される電圧は回路と鎖交する磁束の1秒間当りの変化である．したがって，例題8.4～8.5の場合をまとめて，つぎのように結論できる．

ファラデーの電磁誘導の法則
(Faraday's law of electromagnetic induction)

「電磁誘導によって発生する電圧は，導体棒が1秒間に切る磁束の数，あるいは，1秒間当りの磁束鎖交数の変化量に等しい．」

　N 回巻きのコイルと鎖交する磁束 Φ [Wb] が時間とともに変化するとき，このコイルに誘起される起電力は，式(8.19)で与えられる．

$$V = N\frac{d\Phi}{dt} = \frac{d\phi}{dt} \quad [\text{V}] \tag{8.19}$$

ここで，$\phi = N\Phi$ [Wb] を**磁束鎖交数**という．正確には式(8.19)には負符号が付くが，本節では符号にこだわらず，つぎに述べるレンツの法則にしたがって

電圧の向きを考える†。

導体が磁界中を運動するときの誘起電圧の向きについては，例題 8.4 において電界 E の向きがフレミングの左手の法則から決定され，E の向きから電圧の向きが決まった。コイルを通る磁束が変化する場合の誘起電圧の向きについては，**レンツの法則**（Lentz's law）を用いる。

---- **レンツの法則** ----

「電磁誘導によって生じる起電力の向きは，その回路と鎖交する磁束の変化を妨げる電流を生じるような方向である。」

例題 8.5 において，導体棒が右に移動することによって，回路に囲まれた面積が増加するので鎖交する磁束は増加する。この磁束の変化を妨げるために，磁束 B と反対向きの磁界を生じるような電流の向きは図 8.11 に示すとおりである。抵抗にこのような電流を流す電圧の向きは上がプラスである。この結果は，例題 8.4 において導いた電界の向きと一致する。

【例題 8.6】 図 8.12 に示すような，断面積 $2.0\,\text{cm}^2$，平均磁路長が $l=10\,\text{cm}$ のドーナツ形の磁性体（磁心）に導線を $N=500$ 回巻き付けた環状ソレノイドがある。磁心の中の磁界を 40 msec の間に，$-2\,000\,\text{A/m} \sim +2\,000\,\text{A/m} \sim -2\,000\,\text{A/m}$ の範囲を一定の割合で変化させたとき，コイルに生じる電圧と時刻の関係を計算せよ。ただし，磁心の磁化曲線を図 8.13 に示す。

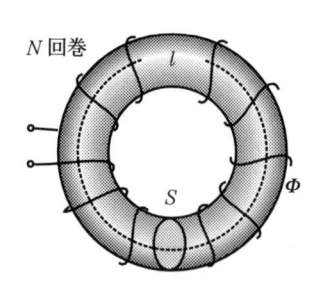

図 8.12 環状ソレノイド

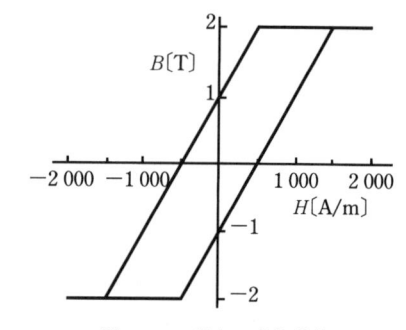

図 8.13 磁心の磁化曲線

---

† 詳細な議論は 10.2 節で行う。

8.3 電磁誘導

【解答】 図より，最初の 0～7.5 msec（−2 000～−500 A/m）の間，磁界は変化しても磁束密度は変化しない。したがって，この間の電圧は 0 である。つぎの 7.5～17.5 msec（−500～1 500 A/m）の間は，10 msec の間の磁束密度の変化が 4 T であるから

$$V = N\frac{\Delta\Phi}{\Delta t} = N\frac{S\Delta B}{\Delta t} = 500 \times \frac{2\times 10^{-4}\times 4}{1\times 10^{-2}} = 40 \text{ [V]} \tag{8.20}$$

17.5～20 msec（1 500～2 000 A/m）および 20～27.5 msec（2 000～500 A/m）の間では磁束密度の変化はないので，電圧は 0 である。27.5～37.5 msec（500～−1 500 A/m）の間の磁束密度の変化が −4 T であるから，この間の電圧は，式(8.17)と同様に計算することにより，−40 V を得る。そして，最後の 2.5 msec でも磁束密度の変化はないので，電圧は 0 である。以上の結果を図に表すと，図 8.14 のようになる。

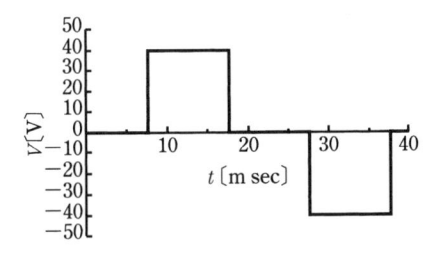

図 8.14 コイルに誘起される電圧

【例題 8.7】 例題 8.6 において，コイルに供給される電力と時刻 t の関係を計算せよ。さらに，一周期の間にコイルに供給されるエネルギーを計算せよ。

【解答】 最初の 0～7.5 msec の間は電圧が 0 であるから，電力も 0 である。$t = 7.5$ msec のとき，磁界は $H = -500$ A/m。このときの電流は

$$I = \frac{Hl}{N} = \frac{-500\times 0.1}{500} = -0.1 \text{ [A]} \tag{8.21}$$

であるから，電力は

$$P = IV = -0.1\times 40 = -4 \text{ [W]} \tag{8.22}$$

である。7.5～17.5 msec（−500～1 500 A/m）の間，電圧は $V = 40$ V で一

定であるが，電流は時間の経過に比例して増加し，$t=17.5$ msec の電流は $I=0.3$ A となる．したがって，電力も時間の経過に比例して増加し，$t=17.5$ msec の電力は $P=12$ W となる．$t=27.5 \sim 37.5$ msec の間では，$t=7.5 \sim 17.5$ msec のときと，電流，電圧の両者の符号が反対になるので，電力の符号は同じである．以上の結果を図に表すと，図 8.15 のようになる．

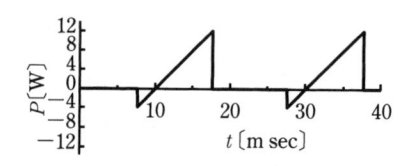

図 8.15 コイルに供給される電力

また，一周期の間にコイルに供給されるエネルギーは，図の電力 P の線に囲まれた面積に等しい．したがって

$$W = 2 \times \left[\frac{1}{2} \times (-4.0) \times 2.5 \times 10^{-3} + \frac{1}{2} \times 12.0 \times 7.5 \times 10^{-3} \right]$$
$$= 8.0 \times 10^{-2} \text{ [J]} \tag{8.23}$$

である．この値は，図 8.13 の磁化曲線に囲まれる面積に磁心の体積を乗じた**ヒステリシス損**に等しい（ヒステリシス損については 9.4 節で述べる）．

8.4 渦電流

時間的に変化する磁界を導体に加えると，電磁誘導によって導体の内部に起電力が生じ，環状に電流が流れる．これを**渦電流** (eddy current) という．

【例題 8.8】 抵抗率が ρ [Ω·m] の円板導体に交流の一様な磁界（磁束密度 $B = B_m \sin \omega t$ [T]）が加えられている．この円板導体を断面が $d \times \varDelta r$ [m²] の矩形の導線の輪が図 8.16 のように隙間なく同心円状に並んでいるものと考え，それぞれの輪に流れる電流の電流密度を計算せよ．

8.4 渦 電 流

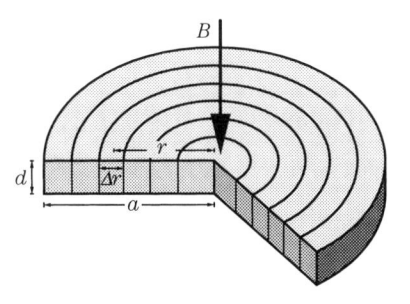

図 8.16 円板導体の渦電流

解答 半径が r [m] の輪の中を通る磁束は，$\varPhi = \pi r^2 B$ [Wb] であるから，輪に発生する電圧は

$$V = \frac{d\varPhi}{dt} = \pi r^2 \frac{dB}{dt} = \pi r^2 B_m \omega \cos \omega t \quad [\text{V}] \tag{8.24}$$

である。一方，輪の抵抗は

$$R = \frac{2\pi r \rho}{d \varDelta r} \quad [\Omega] \tag{8.25}$$

したがって，電流密度は

$$J = \frac{I}{d \varDelta r} = \frac{1}{d \varDelta r} \frac{V}{R} = \frac{1}{d \varDelta r} \frac{\pi r^2 B_m \omega \cos \omega t}{\frac{2\pi r \rho}{d \varDelta r}} = \frac{r B_m}{2\rho} \omega \cos \omega t \quad [\text{A/m}^2] \tag{8.26}$$

式 (8.26) から，渦電流は渦の半径 r および角周波数 ω に比例する。

モータ，トランスの磁心 (鉄) の中を通る磁界は交流である。渦電流が流れるとジュール熱が発生し，電力の損失 (**渦電流損**：eddy current loss) が起きると同時に磁心が加熱する。単位体積当りの渦電流損は演習問題 5.3 に示すように，$p = \rho J^2$ [W/m³] であるので，$B_m^2 \omega^2 r^2 / \rho$ に比例する。したがって，上記の磁心では渦電流の発生を防止するために，ρ の大きな材料を用いたり，絶縁した鉄板を積層した磁心を用いる (r を小さくする)。

【例題 8.9】 回転している円板導体に磁石を近付けたとき，導体板の磁石の付近に流れる渦電流の概要を描け。また，この渦電流によって導体板に働く

力の方向を示せ。

[解答] 図 8.17 の網掛けの部分が磁石によって磁界が加えられているところである。導体の (a) の付近の部分は, 回転により磁石に近付くので磁界が大きくなる。レンツの法則により, (a) の付近には磁石の磁界と反対向きの磁界を発生させる向きに電流が流れる。(b) の付近は反対に磁石から遠ざかり, 磁界が弱くなるので, これと同じ向きの磁界を発生させる向きに電流が流れる。したがって, 図に示すような向きの電流が流れる。

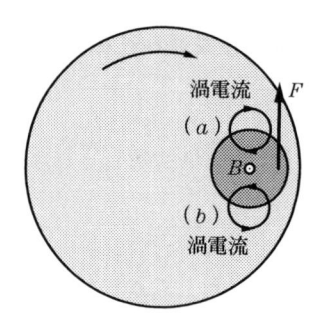

図 8.17 電磁ブレーキ

(a), (b) の渦電流は, いずれも磁石の真上では同じ向き（左向き）の電流になる。この電流と磁石の磁界の間の力 F は, フレミングの左手の法則より, 図に示すような向きとなり, これは回転を制動する力である。すなわち, 円板の運動エネルギーが, 渦電流のジュール熱に変換される。この原理を応用したものに電磁ブレーキがある。これとは反対に, 回転する磁界によって円板に回転力を与えるのが, 誘導モータの原理である。

8.5 表皮効果

図 8.18(a) のような円柱導体に電流が流れているとき, この電流が直流ならば電流密度は一定であるが, 交流ならば電流密度は図 (b) のように中心軸に

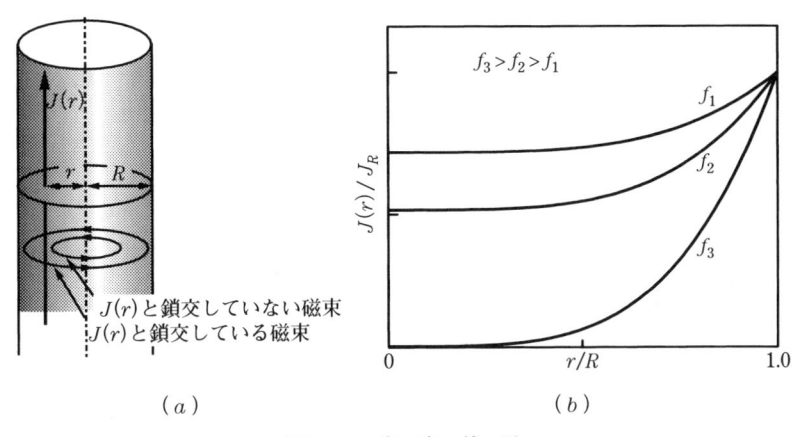

図 **8.18** 表 皮 効 果

近いほど小さくなる．その理由は，図(*a*)に示すように，中心軸から r [m] のところを流れている電流を考えると，この電流と鎖交する磁束は r が小さいほど多くなる．したがって，磁束の変化による起電力は中心軸に近いほど大きくなる．

磁束の変化による起電力は電流の変化を妨げるような向きに発生するので[†1]，中心に近いほど電流が流れにくくなり，結局図(*b*)に示すように中心に近いほど電流密度が小さくなって電流は円柱導体の周辺部に集中する．これを**表皮効果**（skin effect）という．低周波数の場合，電流密度 $J(r)$ と r の関係は[†2]

$$J(r) \propto 1 + \frac{(\omega\mu\sigma)^2}{64}r^4 \quad [\text{A/m}^2] \tag{8.27}$$

である．ここで，ω，μ，σ は，それぞれ電流の角周波数，円柱導体の透磁率と導電率である．高周波では電流が表面に集中し，実効断面積が減少して抵抗が高くなるので注意が必要である．

[†1] この場合の磁束と電流の関係は，前節の渦電流の磁束と電流とを入れ替えた関係にある．

[†2] ランダウ=リフシッツ理論物理学教程，電気磁気学（東京図書），第 7 章 §46 に導出過程が詳述されている．

演 習 問 題

【問 8.1】 半径 a [m], N 回巻きの円形コイルに I [A] の電流が流れている。このコイルを無限長ソレノイドの中に，たがいの中心軸が θ の角度になるように置くときのコイルに作用するトルクの大きさを計算せよ。ただし，無限長ソレノイドの 1 m 当りの巻数を n [m^{-1}]，電流を i [A] とする。

【問 8.2】 図 8.19 は図 7.9 と同じものであるが，点 P に磁極 q [Wb] を置く。

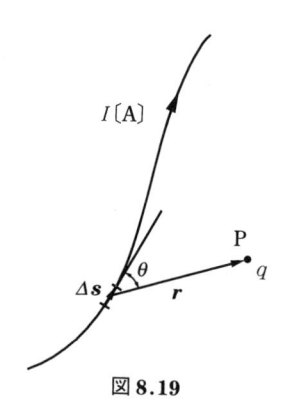

図 8.19

(1) この磁極によって Δs の部分を流れる電流に働く力 F を計算せよ。

(2) 磁極 q は F の反作用として，Δs の部分を流れる電流による磁界 ΔH から力を受けることになる。ΔH を計算せよ（これが，**ビオ・サバールの法則**の導出である）。

【問 8.3】 z 軸方向に加えられている磁束密度 B [T] の磁界の中を，q [C] の荷電粒子が運動し，その速度の x, y, z 成分がそれぞれ v_x, v_y, v_z [m/s] であるとき，粒子に働く力の x, y, z 成分を計算せよ。

【問 8.4】 図 8.20 に示すような直方体の導体を磁束密度 B [T] の磁界の中に置き，電圧 V [V] を加えて電流 I [A] を流す。このとき，図 8.10 と同様に端子 PQ の間に電圧 V_H [V] が発生する。これを**ホール (Hall) 効果**という。導体の中には 1 m^3 当りに電荷 q [C] のキャリヤ（荷電粒子）が n 個あるものとしてつぎの問いに答えよ。

図 8.20

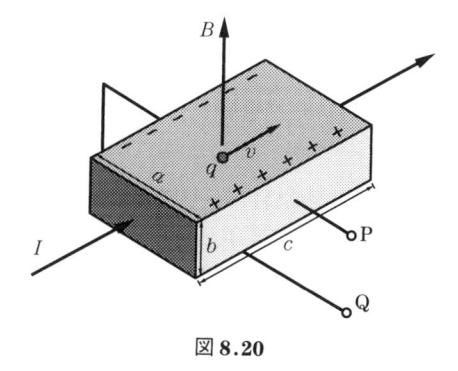

（1） キャリヤの速度 v を計算せよ。
（2） 1個のキャリヤが磁界から受ける力を計算せよ。
（3） 端子 PQ 間のホール電圧は $V_H = R_H IB/b$ と表されることを示せ。
（4） 導電率 σ を計算せよ。
（5） 移動度を σ と R_H で表せ。
（6） キャリヤが負の電荷を有するとき，ホール電圧の向きはどのように変化するか。ただし，電流の向きは変わらないものとする。

【問 8.5】 電荷 q [C]，質量 m [kg] の粒子が磁束密度 B [T] の一様な磁界の中を，磁界と θ の角度，速度 v [m/s] でらせん運動している（図 8.21）。半径 a およびピッチ P を計算せよ。

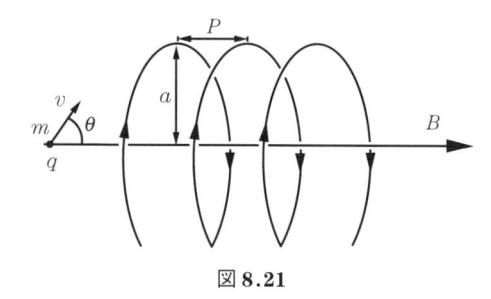

図 8.21

【問 8.6】 ★電荷密度 σ [C/m²] で帯電した半径 a [m] の導体球が，任意の直径を中心軸として角速度 ω [rad/s] で回転するとき，磁気モーメントと球の中心の磁界を計算せよ。

【問 8.7】 速度 v [m/s] の電子（電荷 $-e$ [C]，質量 m [kg]）が長さ l [m] の間だけ，進行方向と垂直な磁界（磁束密度 B [T]）を受けるとき，電子の軌道が曲がる角度は $\phi = leB/mv$ で近似できることを示せ。ただし，$\phi \ll 1$ rad とする。

【問 8.8】 図 8.11 において，導体棒に働く力を計算せよ。さらに導体棒を動かし続けるための力が 1 秒間にする仕事量（仕事率）と抵抗で消費される電力が等しいことを示せ（エネルギー保存則）。

【問 8.9】 図 8.22 に示すように，導体棒が一端を中心として，半径 a [m] の導線の輪の上を角速度 ω [rad/s] で回転している。このとき，中心軸と導線の輪の間の電圧を計算せよ。電位が高いのは，中心軸と導線の輪のどちらか。

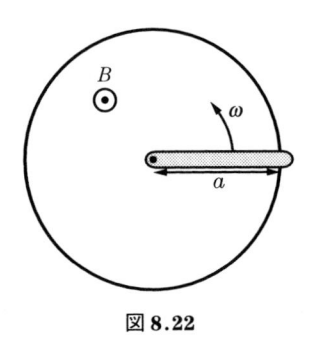

図 8.22

【問 8.10】 角周波数 ω [rad/s] の磁界が通っている，断面積 S [m²] の磁性体に導線を N 回巻き付けたところ，V [V] の電圧が発生した。磁束密度を計算せよ。

【問 8.11】 磁束密度 B [T] の一様な磁界の中で，磁界と垂直な軸のまわりに半径 a [m]，N 回巻きの円形コイルを角速度 ω [rad/s] で回転している。コイルに発生する電圧の最大値を計算せよ。

【問 8.12】 斜めに置いた導体板の上に磁石を置いて滑らせるとき，磁石は導体板からどのような力を受けるか。導体板の導電率が高いとき，磁石の滑り落ちる速さは大きいか。

【問 8.13】 図 8.23 に示すように，コイルが磁束密度 B [T] の一様な磁界の中で角速度 ω [rad/s] で回転している。ただし，同図は時刻 $t = 0$ [s] におけるコ

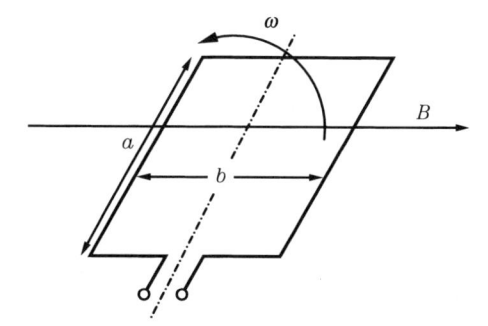

図 8.23

イルの角度である。

(1) コイルに発生する時刻 t における起電力を計算せよ。また，$t=0$ において電圧がプラスになる端子はどちらか（発電機の原理）。

(2) 端子を R 〔Ω〕の抵抗で短絡するとき，時刻 t におけるコイルに発生するトルクおよび抵抗で消費される電力を計算せよ。

9 インダクタンスと静磁エネルギー

::::::::::: **9.1 自己誘導と自己インダクタンス** ::::

　コイルに流れている電流が変化すると，電磁誘導によって起電力が発生する。これを**自己誘導**（self-induction）という。N 回巻きのコイルに電流 i [A] を流すと，図 9.1 に示すように i に比例した磁束 Φ [Wb] が生じ，自分自身のコイルと鎖交する。鎖交磁束数 $\phi = N\Phi$ と i の比例係数 L を**自己インダクタンス**（self-inductance）という。すなわち，式 (9.1) のように表される。

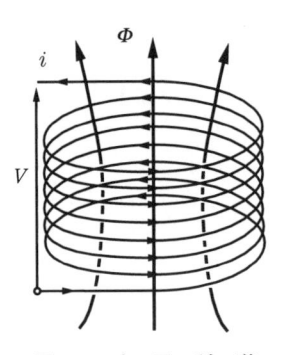

図 9.1　自　己　誘　導

---- 自己インダクタンス ----------------------------------

$$L = \frac{\phi}{i} = \frac{N\Phi}{i} \quad [\mathrm{H}] \tag{9.1}$$

自己インダクタンスの単位 [H] はヘンリー（Henry）と呼び，[Wb/A] に相

当する。

電流 i が時間 t とともに変化するときの起電力の大きさは，ファラデーの電磁誘導の法則により式(9.2)となる†。

- - 自己誘導による起電力 - -

$$V = \frac{d\phi}{dt} = L\frac{di}{dt} \quad [\text{V}] \tag{9.2}$$

9.2 相互誘導と相互インダクタンス

図 9.2 に示すように，固定された二つのコイルの一方（コイル1）に流れる電流 i_1 [A] が変化するとき，コイル2に鎖交する磁束も変化して電磁誘導による起電力が発生する。これを**相互誘導**（mutual-induction）という。コイル2に鎖交する磁束数 ϕ_{21} は i_1 と比例するので，つぎのように表される。

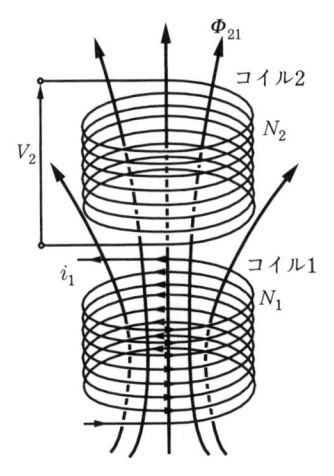

図 9.2 相 互 誘 導

---

† L も t とともに変化するときは $V = \dfrac{d\phi}{dt} = \dfrac{d}{dt}(Li)$ となる。式(9.2)は，L が一定の場合である。

9. インダクタンスと静磁エネルギー

━━ 相互インダクタンス ━━

$$M_{21} = \frac{\phi_{21}}{i_1} = \frac{N_2 \Phi_{21}}{i_1} \quad [\text{H}] \tag{9.3}$$

ここで，M_{21} は**相互インダクタンス**（mutual inductance）である。

反対に，コイル2に電流 i_2 [A] を流したとき，コイル1に鎖交する磁束数 ϕ_{12} は i_2 に比例するので

$$M_{12} = \frac{\phi_{12}}{i_2} = \frac{N_1 \Phi_{12}}{i_2} \quad [\text{H}] \tag{9.4}$$

となる。M_{12} と M_{21} の値はつねに等しく，これを相互インダクタンスの**相反性**（reciprocity of mutual inductance）という。

コイル1の電流 i_1 が時間 t とともに変化するとき，コイル2に発生する起電力の大きさは，ファラデーの電磁誘導の法則により式(9.5)となる。

━━ 相互誘導による起電力 ━━

$$V_2 = \frac{d\phi_{21}}{dt} = M \frac{di_1}{dt} \quad [\text{V}] \tag{9.5}$$

ただし，$M = M_{12} = M_{21}$ である。

【例題 9.1】 図9.3に示すような環状ソレノイド（コイル1，コイル2）のそれぞれの自己インダクタンス，およびコイル1とコイル2の間の相互インダクタンスを計算せよ。ただし，磁性体の透磁率は μ [H/m] であり，また環状ソレノイドから漏れる磁束はないものとする。

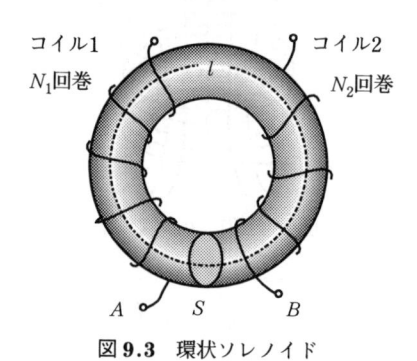

図9.3 環状ソレノイド

解答 コイル1に電流 i_1 [A] を流すと，磁性体の中を通る磁束は

$$\varPhi = \frac{N_1 i_1}{l} \mu S \quad [\text{Wb}] \tag{9.6}$$

であるので，式(9.1)からコイル1の自己インダクタンスは式(9.7)のようになる。

$$L_1 = \frac{N_1 \varPhi}{i_1} = \frac{N_1^2 \mu S}{l} \quad [\text{H}] \tag{9.7}$$

同様にコイル2の自己インダクタンスを計算すると

$$L_2 = \frac{N_2^2 \mu S}{l} \quad [\text{H}] \tag{9.8}$$

となる。また，相互インダクタンスは，式(9.3)と式(9.6)を用いて

$$M = \frac{N_2 \varPhi}{i_1} = \frac{N_1 N_2 \mu S}{l} \quad [\text{H}] \tag{9.9}$$

となる。

式(9.7)〜(9.9)より，自己インダクタンスと相互インダクタンスの間には

$$M^2 = L_1 L_2 \tag{9.10}$$

の関係があることがわかる。しかし，一方のコイルで発生した磁束のすべてが他方のコイルと鎖交しない一般的な場合は

---- **結 合 係 数** ----

$$M^2 = k^2 L_1 L_2 \tag{9.11}$$

と表される。k は**結合係数**（coupling factor）と呼ばれ，$0 \leq k \leq 1$ の値をとる。k が1に近いほど，二つのコイルは密に結合しているという。

9.3 インダクタンスの接続

最初に結合のない（$k=0$）二つのインダクタンスを直列および並列に接続したときの合成インダクタンスを計算する。

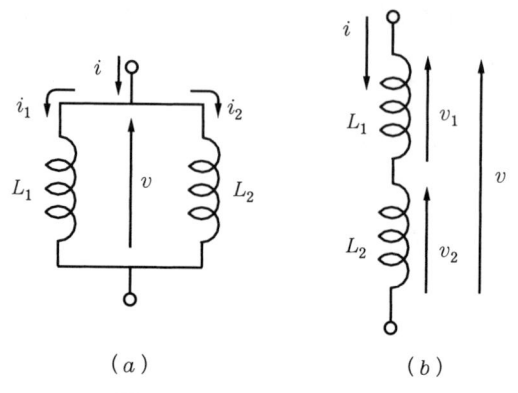

9. インダクタンスと静磁エネルギー

(a)　　　　　　　(b)

図 **9.4** インダクタンスの接続

図 **9.4**(a)のように L_1, L_2 を並列接続した場合は

$$v = L_1 \frac{di_1}{dt} = L_2 \frac{di_2}{dt} \tag{9.12}$$

の関係より，合成インダクタンスを L とすると，つぎの関係が得られ

$$\frac{1}{L}v = \frac{di}{dt} = \frac{di_1}{dt} + \frac{di_2}{dt} = \left(\frac{1}{L_1} + \frac{1}{L_2}\right)v \tag{9.13}$$

並列接続の合成インダクタンス L は式(9.14)で与えられる。

$$\frac{1}{L} = \frac{1}{L_1} + \frac{1}{L_2} \quad [\mathrm{H}^{-1}] \tag{9.14}$$

自己インダクタンス L_1, L_2 を図(b)のように直列に接続し，電流 i を流したとき回路に誘起される起電力 v は，L_1, L_2 に誘起される起電力 v_1, v_2 の和に等しい。したがって

$$L\frac{di}{dt} = v = v_1 + v_2 = L_1 \frac{di}{dt} + L_2 \frac{di}{dt} = (L_1 + L_2) \frac{di}{dt} \tag{9.15}$$

となり，直列接続の合成インダクタンスは $L = L_1 + L_2$ である。

つぎに，直列に接続したコイル L_1, L_2 の間に結合がある場合について考える。図9.3において，コイル1, 2に同じ大きさの電流 i を流したときの端子電圧 v_1, v_2 は，それぞれ

$$v_1 = L_1 \frac{di}{dt} + M \frac{di}{dt} = (L_1 + M) \frac{di}{dt} \tag{9.16 a}$$

$$v_2 = L_2 \frac{di}{dt} + M \frac{di}{dt} = (L_2 + M) \frac{di}{dt} \qquad (9.16\,\text{b})$$

である。コイル 1, 2 の端子 A と B を接続して一つのコイルとし，電流 i を流したときの起電力は v_1 と v_2 の和になるので，式 (9.16 a)，(9.16 b) より

$$L \frac{di}{dt} = v_1 + v_2 = (L_1 + L_2 + 2M) \frac{di}{dt} \qquad (9.17)$$

が得られる。したがって，直列接続の合成インダクタンスは式 (9.18) で与えられる。

$$L = L_1 + L_2 + 2M \quad [\text{H}] \qquad (9.18)$$

図 9.3 の場合は，コイル 1, 2 によって発生する磁束が同じ向きで，相加わるように作用する**和動結合**で，そのときの合成インダクタンスは式 (9.18) で与えられる。二つのコイルによって発生する磁束がたがいに逆向きの場合は，**差動結合**で，そのときの合成インダクタンスは式 (9.19) となる。

$$L = L_1 + L_2 - 2M \quad [\text{H}] \qquad (9.19)$$

9.4 静磁エネルギー

図 9.5 に示すような環状ソレノイドをスイッチ SW を通して V [V] の電源に接続している。スイッチ SW を閉じると，式 (9.2) より電流 i は時間 t に比例して増加する。すなわち

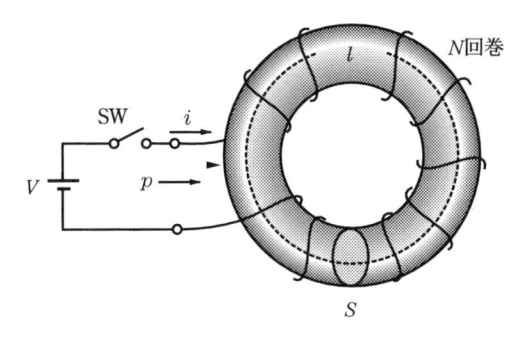

図 9.5 環状ソレノイドと電源

156   9. インダクタンスと静磁エネルギー

$$i = \frac{t}{L}V \quad [\text{A}] \tag{9.20}$$

である。このとき，電源から環状ソレノイドに供給される電力は

$$p = iV = \frac{t}{L}V^2 \quad [\text{W}] \tag{9.21}$$

となるので，スイッチ SW を閉じたときから環状ソレノイドに供給されたエネルギーの総量は，図 9.6 の三角形の面積に等しく，式 (9.22) のように得られる。

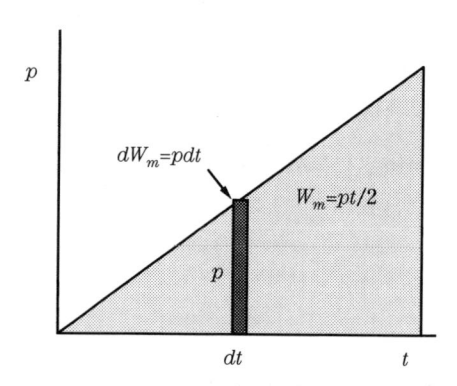

コイルに dt 秒間に供給されるエネルギーは $dW_m = pdt$ で，長方形の面積に等しい。したがって，t 秒間にコイルに供給されるエネルギーの総和は，三角形の面積と等しくなる。

図 9.6 電力とエネルギー

----- インダクタンスに蓄積されるエネルギー -----

$$W_m = \frac{1}{2}pt = \frac{V^2}{2L}t^2 = \frac{1}{2}Li^2 \quad [\text{J}] \tag{9.22}$$

一般に，インダクタンス L に電流 i が流れているとき，式 (9.22) で表されるエネルギーがインダクタンスに蓄積されている。一方，環状ソレノイドの L は，式 (9.7) より

$$L = \frac{N^2 \mu S}{l} \quad [\text{H}] \tag{9.23}$$

であるので，電流 i が流れているとき，環状ソレノイドに蓄積されているエネルギーは

$$W_m = \frac{1}{2}Li^2 = \frac{1}{2}\frac{N^2\mu S}{l}i^2 = \frac{1}{2}\mu\left(\frac{Ni}{l}\right)^2 Sl = \frac{1}{2}\mu H^2 Sl \quad [\text{J}] \tag{9.24}$$

となる。ここで，$H = NI/l$ は環状ソレノイドの中の磁界であり，また Sl は

磁性体の体積である。したがって，磁性体の 1 m³ 当りに蓄積されているエネルギーは，式(9.25)のように表すことができる。

---- **静磁エネルギー** ----

$$w_m = \frac{W_m}{Sl} = \frac{1}{2}\mu H^2 = \frac{1}{2}\frac{B^2}{\mu}$$

$$= \frac{1}{2}HB \quad [\mathrm{J/m^3}] \tag{9.25}$$

一般に磁界が存在する空間には 1 m³ 当りに式(9.25)で表される磁気エネルギーが蓄積されている。このエネルギーは**図 9.7** の網掛けした三角形の面積に相当し，磁束密度を dB だけ大きくするのに必要なエネルギーは，濃い網掛けの長方形の面積

$$dw_m = HdB \quad [\mathrm{J/m^3}] \tag{9.26}$$

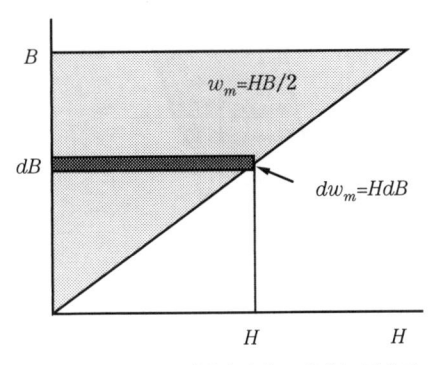

である。

図 9.7 磁界および磁束密度の変化に要するエネルギー

図 9.8 のように，環状ソレノイドの中の磁性体の B と H が比例しないような場合，またヒステリシスを有する場合には，式(9.25)をさらに一般化して考える必要がある。磁束密度を dB だけ大きくするのに必要なエネルギー式(9.26)は，図の網掛けの長方形である。

したがって，**図 9.9** において，点 P から磁界を増加させて P → Q にまで到達したときの磁気エネルギーの増加分は曲線 PQTP で囲まれた面積に等しい。

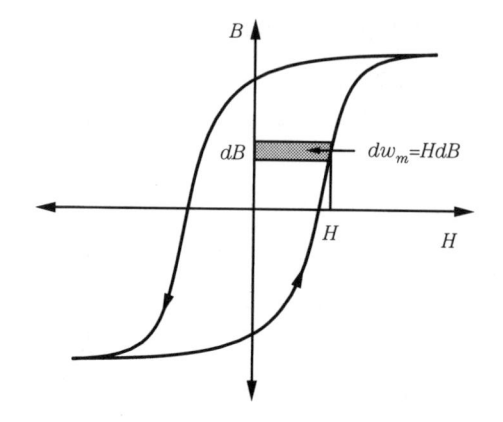

図9.8 磁界Hおよび磁束密度Bの変化に要するエネルギー（BがHに比例しない場合）

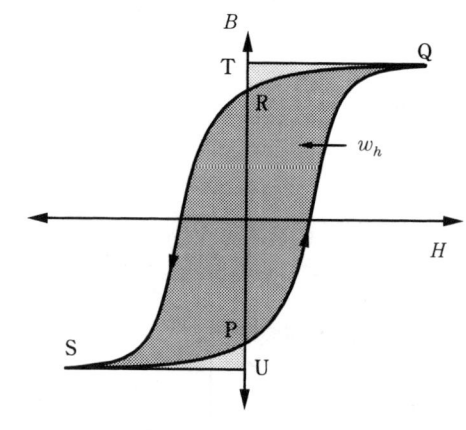

図9.9 ヒステリシス損

つぎに磁界を点Rまで減少すると，曲線QTRQで囲まれた面積に等しいエネルギーが放出される。P→Q→Rの過程で，環状ソレノイドに供給されたエネルギーとその後放出されたエネルギーの差は曲線PQRPで囲まれた面積に等しい。R→S→Pの順で再び点Pまで戻るときにも，同様にRSPRで囲まれた面積に等しいエネルギーが，環状ソレノイドに供給されたエネルギーとその後放出されたエネルギーの差となる。

結局ヒステリシスループを一巡した結果として，曲線PQRSPで囲まれた面積 w_h に等しいエネルギーが，磁性体の $1\,\mathrm{m}^3$ の中で消費されることになる。体積が $v\,[\mathrm{m}^3]$ の磁性体に周波数 $f\,[\mathrm{Hz}]$ の交流磁界を加えると，1秒間に f 回

のヒステリシスループを描くので，磁性体での消費電力は

$$W_h = fvw_h \quad [\text{W}] \tag{9.27}$$

となる．これを**ヒステリシス損**（hysteresis loss）という．例題 8.7 では，環状ソレノイドに供給される電力から，ソレノイド（磁性体）の中で消費されるエネルギーを計算し，これがヒステリシス曲線で囲まれた面積と磁性体の体積の積であることを確認した．

9.5　静磁エネルギーと力

図 9.10 のような断面積が $S\,[\text{m}^2]$ の磁石と鉄片の間に働く引力を，4.6 節でも用いた**仮想変位法**により静磁エネルギーから計算する．鉄片と磁石の間の隙間 $x\,[\text{m}]$ は非常に小さく，磁束密度は $B\,[\text{T}]$ で一定とする（磁束が広がらない）．このとき式(9.25)より，隙間には単位体積当り $w_m = B^2/2\mu_0\,[\text{J/m}^3]$ のエネルギーが蓄積されている．

いま，鉄片と磁石の間の隙間を $\varDelta x$ だけ大きくすること（仮想変位）を考えると，このとき，磁界の存在する空間が $S\varDelta x$ だけ増加することになる（磁極の一方のみを考えている）．この隙間の増加に伴うエネルギーの変化は

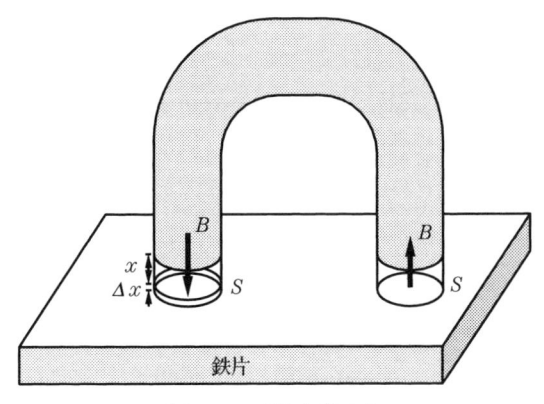

図 9.10　鉄片に働く力

$$\Delta W_m = \frac{B^2}{2\mu_0} S \Delta x \quad [\mathrm{J}] \tag{9.28}$$

である。したがって，一方の磁極と鉄片の間に働く力は

$$F = -\frac{\Delta W_m}{\Delta x} = -\frac{B^2}{2\mu_0} S \quad [\mathrm{N}] \tag{9.29}$$

である。式(9.29)の負符号は，力 F の向きが仮想変位の方向と反対向き，すなわち隙間を減らす方向（引力）であることを意味する。

【例題 9.2】 図 **9.11** に示すように，鉄片がコイルに $x\,[\mathrm{m}]$ だけ挿入されている。コイルのインダクタンスは x によって変化し，$L(x)$ で与えられるとする。コイルに $I\,[\mathrm{A}]$ の電流が流れているとき，鉄片に働く力を計算せよ。

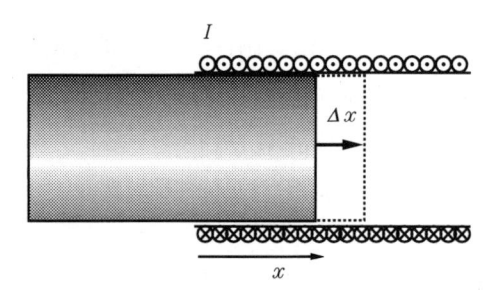

図 **9.11** コイルと鉄片の間に働く力

〔解 答〕 インダクタンスが ΔL 変化することによるエネルギーの変化は，式(9.22)より

$$\Delta W = \frac{1}{2} I^2 \Delta L \quad [\mathrm{J}] \tag{9.30}$$

である。このとき，式(9.31)で表されるエネルギーが電流源から供給される[†1]。

$$\Delta W' = I^2 \Delta L \quad [\mathrm{J}] \tag{9.31}$$

したがって，鉄片に働く力は式(9.32)のように得られる[†2]。

$$f = -\frac{dW - dW'}{dx} = \frac{1}{2} I^2 \frac{dL}{dx} \quad [\mathrm{N}] \tag{9.32}$$

---

†1 $\Delta W' = \int I \frac{d}{dt}(IL) dt = I^2 \int \frac{dL}{dt} dt = I^2 \Delta L$ （9.1節脚注参照）。

†2 式(4.45)参照。

9.6 インダクタンスの計算

【例題 9.3】 1m当りの巻き数が n 回,断面積 S [m^2] の無限に長い空心(磁性体のない)ソレノイドの1m当りの自己インダクタンスを計算せよ。

解答 I [A] の電流を流すと,ソレノイドの中の磁界は $H = nI$ [A/m] であるので,ソレノイドの長さ1mの中の空間に蓄積される磁気エネルギーは

$$W_m = \frac{\mu_0 H^2}{2} S = \frac{\mu_0 (nI)^2}{2} S \quad \text{[J/m]} \tag{9.33}$$

である。式(9.22)から,ソレノイドの1m当りの自己インダクタンスは

$$L = \frac{2W_m}{I^2} = \mu_0 n^2 S \quad \text{[H/m]} \tag{9.34}$$

となる。

ソレノイドが有限の長さの場合,端に近い部分の磁界が nI [A/m] よりも小さくなるので,自己インダクタンスは式(9.34)よりも小さくなる。断面が半径 a [m] の円形,長さ l [m],巻き数 N 回のソレノイドの自己インダクタンスは式(9.35)で表される。

$$L = \mathscr{L} \mu_0 n^2 S = \mathscr{L} \mu_0 \pi a^2 \frac{N^2}{l} \quad \text{[H]} \tag{9.35}$$

ここに,$\mathscr{L}$ は**長岡係数**と呼ばれ,図 9.12 に示すような $2a/l$ の関数である。

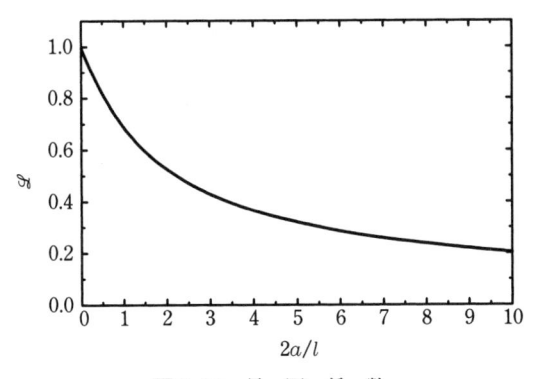

図 9.12 長 岡 係 数

【例題 9.4】 図9.13のような断面を有する同軸ケーブルの1m当りの自己インダクタンスを計算せよ。ただし，表皮効果により，電流は導体の表面のみを流れるものとする。

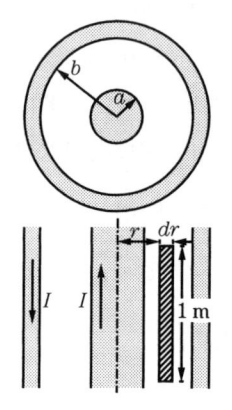

図9.13 同軸ケーブル

[解 答] I〔A〕の電流が流れているとき，図の斜線の部分の微小面積 dr〔m²〕を通る磁束は

$$d\Phi = \mu_0 H dr = \frac{\mu_0 I}{2\pi r} dr \quad \text{〔Wb/m〕} \tag{9.36}$$

であるので，電流 I が鎖交する磁束は

$$\Phi = \int_a^b \frac{\mu_0 I}{2\pi r} dr = \frac{\mu_0 I}{2\pi} \ln \frac{b}{a} \quad \text{〔Wb/m〕} \tag{9.37}$$

となり，よって自己インダクタンスは式(9.38)で表される。

$$L = \frac{\Phi}{I} = \frac{\mu_0}{2\pi} \ln \frac{b}{a} \quad \text{〔H/m〕} \tag{9.38}$$

【例題 9.5】 図9.14のような平行往復線路の1m当りの自己インダクタンスを計算せよ。ただし，導線の半径を a〔m〕，間隔を D〔m〕とする。

[解 答] I〔A〕の電流を流すと，図の斜線の部分の微小面積 dx〔m²〕を通る磁束は

$$d\Phi = \mu_0 H dx = \mu_0 \left(\frac{I}{2\pi x} + \frac{I}{2\pi(D-x)} \right) dx \quad \text{〔Wb/m〕} \tag{9.39}$$

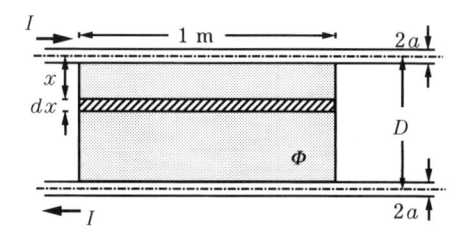

図 **9.14** 平行往復線路

であるので，電流 I が鎖交する磁束は

$$\Phi = \int_a^{D-a} \mu_0 \left(\frac{I}{2\pi x} + \frac{I}{2\pi(D-x)} \right) dx = \frac{\mu_0 I}{\pi} \ln \frac{D-a}{a} \quad \text{[Wb/m]} \quad (9.40)$$

と表される。したがって，導線の外側の磁束による 1 m 当りの自己インダクタンスは

$$L_e = \frac{\Phi}{I} = \frac{\mu_0}{\pi} \ln \frac{D-a}{a} \quad \text{[H/m]} \quad (9.41)$$

となる。通常の通信ケーブルでは $a \ll D$ であるので

$$L_e = \frac{\mu_0}{\pi} \ln \frac{D}{a} \quad \text{[H/m]} \quad (9.42)$$

と近似できる。また，通信ケーブルの場合は，高周波の電流が表皮効果によって導線の表面のみを流れることから，自己インダクタンスは式(9.42)で表される。

しかし，電流が導線の中を一様に流れる場合は，導線の内部の自己インダクタンスも考える必要がある。電流 I [A] が一様に流れている透磁率 μ [H/m] の導線の内部で，中心から r [m] のところの磁界は

$$H = \frac{Ir}{2\pi a^2} \quad \text{[A/m]} \quad (9.43)$$

であるので，図 **9.15** のような導線の長さ 1 m の厚さ dr の筒に蓄えられている磁気エネルギーは

$$dW_m = \frac{1}{2} \mu H^2 \times 2\pi r dr = \frac{\mu I^2 r^3}{4\pi a^4} dr \quad \text{[J/m]} \quad (9.44)$$

である。したがって，導線の長さ 1 m 当りの磁気エネルギーは，式(9.45)の

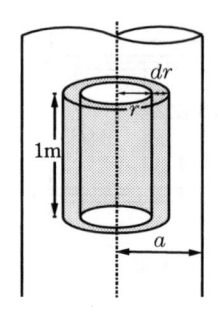

図 9.15　導線の中の静磁エネルギー

ようになる。

$$W_m = \int_0^a \frac{\mu I^2 r^3}{4\pi a^4} \, dr = \frac{\mu I^2}{16\pi} \quad [\text{J/m}] \tag{9.45}$$

式(9.22)の関係を用いると，導線1m当りの内部の自己インダクタンスは，式(9.45)から

$$L_i = \frac{2W}{I^2} = \frac{\mu}{8\pi} \quad [\text{H/m}] \tag{9.46}$$

となり，式(9.41)に2本の導線内部の自己インダクタンス $2L_i$ を加えることによって，平行往復線路の1m当りの自己インダクタンスが得られる。

$$L = 2L_i + L_e = \frac{\mu_0}{\pi} \ln \frac{D-a}{a} + \frac{\mu}{4\pi} \quad [\text{H/m}] \tag{9.47}$$

【例題 9.6】　図9.16に示すような，直線の導線と矩形の N 回巻きのコイルの間の相互インダクタンスを計算せよ。

解　答　直線の導線に I [A]の電流を流すと，導線からの距離が r [m]のところの磁界は $H = I/2\pi r$ [A/m]なので，コイルの中の幅 dr の網掛けの部分を通る磁束は

$$d\Phi = \frac{\mu_0 I}{2\pi r} b \, dr \quad [\text{Wb}] \tag{9.48}$$

である。したがって，コイルを通る磁束は

$$\Phi = \int_D^{D+a} \frac{\mu_0 I}{2\pi r} b \, dr = \frac{\mu_0 I b}{2\pi} \ln \frac{D+a}{D} \quad [\text{Wb}] \tag{9.49}$$

なので，相互インダクタンスは

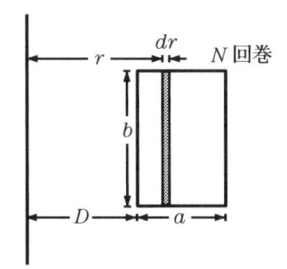

図 9.16　直線導線と矩形コイル

$$M = \frac{N\Phi}{I} = \frac{\mu_0 Nb}{2\pi} \ln\left(1 + \frac{a}{D}\right) \quad [\mathrm{H}] \tag{9.50}$$

$D \gg a$ のときは，$\ln(1+a/D) \cong a/D$ と近似され，$M = \mu_0 Nab/2\pi D$ [H] となる。これは，コイルの中で磁界が一定で $H = I/2\pi D$ [A/m] と見なせる場合に相当する。

演 習 問 題

【問 9.1】　図 9.3 の環状ソレノイドに交流電流を流すとき，コイル 1 および 2 に発生する電圧は，コイルの巻き数に比例することを示せ（変圧器の原理）。

【問 9.2】　図 9.17 に示すような透磁率 μ [H/m] のドーナツ型の磁性体に導線を N 回巻き付けた環状ソレノイドがある。自己インダクタンスを計算せよ。

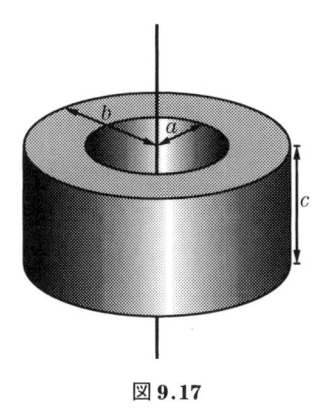

図 9.17

166   9. インダクタンスと静磁エネルギー

【問 9.3】 図9.17に示すような，前問の環状ソレノイドの中心軸に，無限に長い直線の導線を置くとき，環状ソレノイドと直線導線の相互インダクタンスを計算せよ。

【問 9.4】 図9.3の環状ソレノイドにおいて，コイル1で作られた磁束の$p\%$がコイル2と鎖交するとき，相互インダクタンスおよび結合係数を計算せよ。ただし，漏れ磁束は磁気抵抗に影響しない程度に小さいものとする。

【問 9.5】 半径a[m]の円形の断面，1m当りの巻き数がn回の無限長ソレノイドの中に，N回巻き，半径b[m]の円形コイルが置かれている。たがいの中心軸のなす角がθであるとき，相互インダクタンスを計算せよ。

【問 9.6】 自己インダクタンスL[H]の2個のコイルを並列に接続するとき，合成インダクタンスを計算せよ。ただし，相互インダクタンスをM[H]とする。

【問 9.7】 自己インダクタンスがL_1，L_2[H]の2個のコイルを直列接続したときの合成インダクタンスが，和動結合と差動結合の場合，それぞれL_+，L_-[H]であった。相互インダクタンスと結合係数を計算せよ。

【問 9.8】 自己インダクタンスがL_1，L_2[H]の2個のコイルの間の相互インダクタンスがM[H]で，それぞれi_1，i_2[A]の電流が流れているときのエネルギーを計算せよ。

【問 9.9】 図9.17に示すような透磁率μ[H/m]のドーナツ型の磁性体に導線をN回巻き付けた環状ソレノイドがある。これにI[A]の電流を流すとき，磁性体の中に蓄えられる静磁エネルギーを計算し，$LI^2/2$と等しいことを示せ。ただし，Lは問9.2で得られた自己インダクタンスである。

【問 9.10】 高さh[m]で地面（導体）と平行に，半径a[m]の導線が張られているとき，長さ1m当りの自己インダクタンスを計算せよ。ただし，電流は導線の表面のみを流れるものとする。

【問 9.11】 図9.17に示すような磁性体に導線をN回巻き付けた環状ソレノイドがある。f[Hz]の交流電流を流したとき，**図9.18**のような磁化曲線を描いた。消費電力を計算せよ。ただし，磁性体の中で磁界は一定であるとする。

【問 9.12】 断面積がS[m^2]の2個のU字型磁石が**図9.19**のように密着している。引き離すのに必要な力を計算せよ。ただし，磁石を通る磁束はΦ[Wb]である。

図 9.18

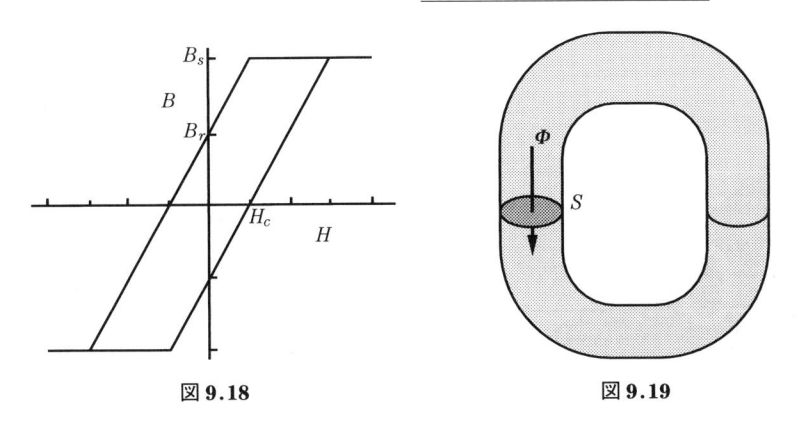

図 9.19

【問 9.13】 半径 a [m] の円形の断面, 1 m 当りの巻き数が n 回の無限長ソレノイドに I [A] の電流が流れているとき, 導線が半径方向に受ける力(導線の 1 m 当り)を計算せよ。力は内向き, 外向きのどちらか。

10 電磁波

10.1 変位電流

図 10.1 のようなコンデンサを含む回路を考える。スイッチ SW を閉じると導線には電流が流れるが、コンデンサの中を電流が流れることはできず、コンデンサの電極に電荷が蓄積される。このとき、コンデンサの電極の電荷 Q と導線に流れる電流 i の関係は、式(5.2)から

$$i = \frac{dQ}{dt} \quad [\text{A}] \tag{10.1}$$

である。コンデンサの電極の間には電流は流れないが、電束密度 $D = Q/S$ が変化している。電極の面積を S とすると、式(10.1)は、さらに式(10.2)のようになる。

$$i = \frac{dQ}{dt} = S\frac{dD}{dt} \quad [\text{A}] \tag{10.2}$$

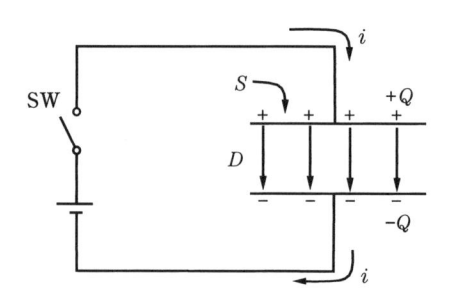

図 10.1 変位電流

式(10.2)の右辺で表される仮想的な電流が,電極の間を流れていると考えると,図の回路には途切れることなく電流が流れることになる。ここで仮想した電流を**変位電流**(displacement current)といい,その電流密度は式(10.3)となる。

変位電流密度の定義

$$J = \frac{\partial D}{\partial t} \quad [\mathrm{A/m^2}] \tag{10.3}$$

一方,5章で定義した電荷の移動による電流を,変位電流と区別して**伝導電流**(conduction current)という。

マクスウェル(Maxwell)は変位電流の概念を導入し,さらに,変位電流も伝導電流と同様に磁界を生じると考え,電気磁気学の基礎となる重要な**マクスウェルの方程式**(Maxwell's equations)を導いた。

【例題 10.1】 図10.2に示すような電極が半径 a [m] の円形の平行平板コンデンサに交流電流 $i = I_m \cos \omega t$ [A] を流すとき,コンデンサの中の磁界を計算せよ。

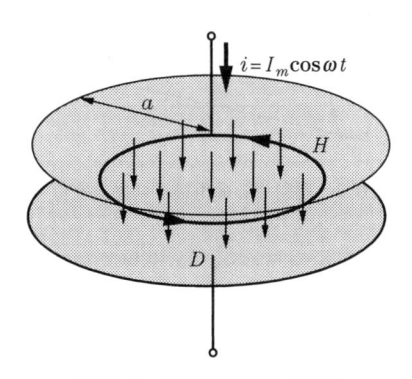

図 10.2 変位電流による磁界

[解答] コンデンサの電極に蓄えられる電荷は,式(10.4)で与えられる。

$$Q = \int i\, dt = \frac{I_m}{\omega} \sin \omega t \quad [\mathrm{C}] \tag{10.4}$$

電極の電荷密度が一様であると仮定すると,電束密度は式(10.4)を電極の面積 πa^2 で割ることにより得られる。したがって,電極の間の変位電流の密度は

$$J = \frac{dD}{dt} = \frac{I_m}{\pi a^2} \cos \omega t \quad [\text{A/m}^2] \tag{10.5}$$

となる。

円の中心軸から r 離れた点の磁界は,アンペアの周回積分の法則により

$$H = \frac{\pi r^2 J}{2\pi r} = \frac{r I_m}{2\pi a^2} \cos \omega t \quad [\text{A/m}] \tag{10.6}$$

となる。

この磁界は時間とともに変化するので,ファラデーの電磁誘導の法則により,電極の間に r に依存する起電力が発生する。この起電力を考慮すると,電束密度もまた r の関数となるが†,周波数が低い場合は無視できる。

【例題 10.2】 図 10.3 に示すように,電荷 q [C] を持つ粒子が速度 v [m/s] で z 軸上を進んでいる。粒子の位置が z [m] のとき,原点における変位電流密度を計算せよ。

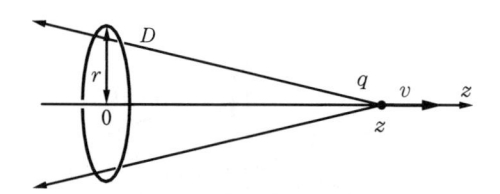

図 10.3 運動する荷電粒子による変位電流

[解 答] このときの原点における電束密度は式(10.7)で与えられる。

$$D = -\frac{q}{4\pi z^2} \quad [\text{C/m}^2] \tag{10.7}$$

負符号は,電束密度が $-z$ 方向を向いていることを意味する。変位電流密度は

$$J = \frac{dD}{dt} = \frac{dD}{dz}\frac{dz}{dt} = \frac{q}{2\pi z^3} v \quad [\text{A/m}^2] \tag{10.8}$$

---

† このことについての詳しい議論は,ファインマン物理学Ⅵ 電磁波と物性(岩波書店),2.2節を参照されたい。

【例題 10.3】 前問において，原点から z 軸と垂直に r [m] 離れた点の磁界を計算せよ。

解 答 半径 r の円の中を流れる変位電流は，円と鎖交する電束 Φ の時間微分であるので，式(10.9)で表される。

$$H=\frac{i}{2\pi r}=\frac{1}{2\pi r}\frac{d\Phi}{dt} \quad [\text{A/m}] \tag{10.9}$$

Φ を計算するために，図 10.4 に示すような電荷 q を中心とし，半径 r の円を球面に含む球を考える。この球の表面における電束密度は

$$D=\frac{q}{4\pi a^2} \quad [\text{C/m}^2] \tag{10.10}$$

である。Φ は半径 r の円に切り取られた球面の一部の面積 S と D の積である。S は式(10.11)のようにして得られる†。

$$S=\int_0^\theta 2\pi a^2 \sin\theta \; d\theta = 2\pi a^2(1-\cos\theta) \quad [\text{m}^2] \tag{10.11}$$

したがって，Φ は式(10.10)，(10.11)から

$$\Phi=DS=-\frac{q}{2}(1-\cos\theta)=-\frac{q}{2}\left(1-\frac{z}{\sqrt{r^2+z^2}}\right) \quad [\text{C}] \tag{10.12}$$

となる。負符号は電束が z の負の方向に向かっていることを意味する。よっ

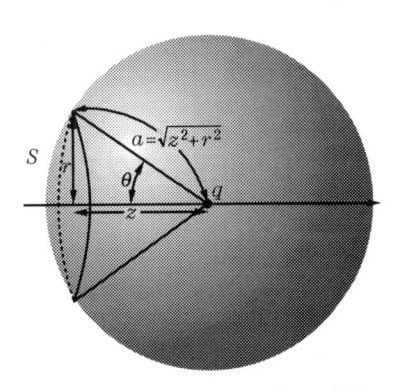

図 10.4 面積 S を通る磁束と立体角

---

† 図 A.1（演習問題解答）の帯の部分の面積素 $dS=2\pi a\sin\theta \times ad\theta$ を積分することにより得られる。

172   10. 電磁波

て式(10.12)を式(10.9)に代入することにより，磁界は式(10.13)のように得られる。

$$H = -\frac{q}{4\pi r}\frac{d}{dt}\left(1 - \frac{z}{\sqrt{r^2+z^2}}\right) = \frac{q}{4\pi r}\frac{r^2}{(r^2+z^2)^{3/2}}v \quad [\text{A/m}] \qquad (10.13)$$

―― 立　体　角 ――

図 10.4 において，S/a^2 を**立体角**（solid angle）といい，式(10.11)から

$$\omega = 2\pi(1-\cos\theta) \quad [\text{sterad}] \qquad (10.14)$$

となる。立体角は無次元であるが，単位にはステラジアン〔sterad〕を用いる。立体角は図 10.5 のように，半径 1 の球面に投影した像の面積として定義される。

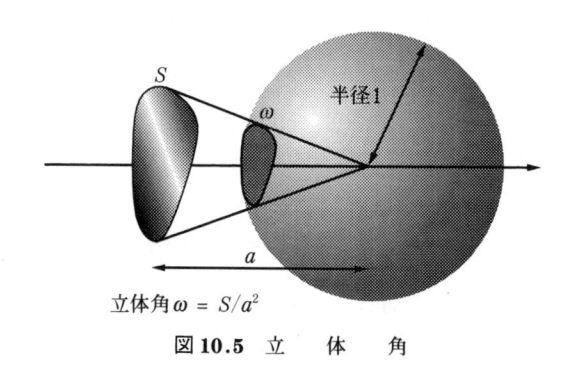

立体角 $\omega = S/a^2$

図 10.5　立　体　角

10.2　マクスウェルの方程式

マクスウェルはアンペアの周回積分の法則とファラデーの電磁誘導の法則から，第 1 および第 2 の電磁方程式を導いた。これに電界，磁束密度に関するガウスの法則を加えて，計 4 本の方程式をマクスウェルの方程式と呼んでいる。

―― マクスウェルの方程式 ――

$$\text{rot}\,\boldsymbol{H} = \frac{\partial \boldsymbol{D}}{\partial t} + \boldsymbol{J}_c \qquad (10.15\,\text{a})$$

$$\mathrm{rot}\,\boldsymbol{E} = -\frac{\partial \boldsymbol{B}}{\partial t} \tag{10.15 b}$$

$$\mathrm{div}\,\boldsymbol{E} = \frac{\rho}{\varepsilon} \tag{10.15 c}$$

$$\mathrm{div}\,\boldsymbol{B} = 0 \tag{10.15 d}$$

電界 $\boldsymbol{E}$ に関するガウスの定理式(10.15 c)については 2.4 節および 2.12 節で議論した.さらに,4.3 節において学んだように,誘電体の中では 1 C の電荷から発生する電気力線の数が $1/\varepsilon$ であることから,真空中の場合におけるガウスの法則式(2.90)は式(10.15 c)に一般化される.

一方,6.4 節でも述べたように,磁束は空間の中で生成・消滅することはない.したがって div $\boldsymbol{B}$ はつねに 0 で,式(10.15 d)が成り立つ.

10.2.1　アンペアの周回積分の法則と第 1 電磁方程式

図 10.6 のように xy 平面上に微小三角形 OPQ を考え,この中を z 軸に向かう電流密度 J_z の電流が流れているとすると,アンペアの周回積分の法則により式(10.16)が成り立つ.

$$\oint \boldsymbol{H} \cdot d\boldsymbol{s} = J_z \Delta S_z \tag{10.16}$$

式(10.16)の周回積分を OP,PQ,QO の三つの区間の線積分に分けて計算す

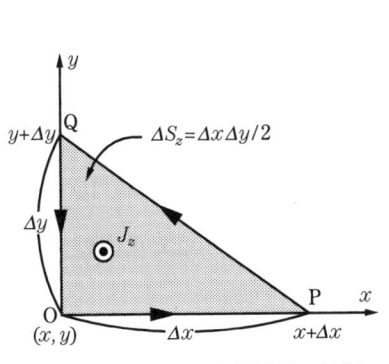

図 10.6　アンペアの周回積分の法則

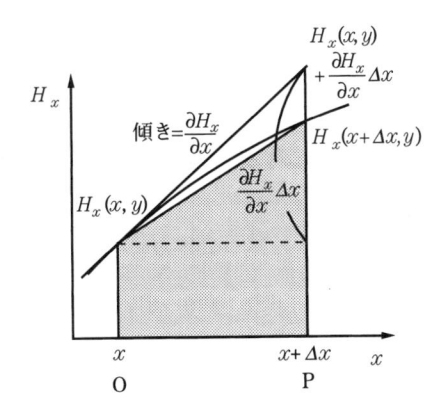

図 10.7　OP における線積分

ることができる。最初に OP の区間の線積分を計算する。OP の積分路では $d\boldsymbol{s}$ は x 成分だけなので，$\boldsymbol{H} \cdot d\boldsymbol{s}$ は $H_x dx$ となる。したがって，OP の区間の線積分は $\boldsymbol{H}$ の x 成分 H_x を x で積分することになり，これは**図 10.7** における H_x の曲線の下の OP の区間の面積に等しい。この面積は，$\varDelta x \to 0$ の極限では，H_x の曲線を直線で近似した灰色の部分の面積と等しくなる。また $H_x(x + \varDelta x, y)$ は図から式(10.17)のように近似できる†。

$$H_x(x+\varDelta x, y) = H_x(x, y) + \frac{\partial H_x}{\partial x}\varDelta x \tag{10.17}$$

以上のことから，OP の区間の線積分は式(10.18)で表される。

$$\int_{\mathrm{OP}} \boldsymbol{H} \cdot d\boldsymbol{s} = \frac{1}{2}[H_x(x, y) + H_x(x+\varDelta x, y)]\varDelta x$$

$$= \frac{1}{2}\left[2H_x(x, y) + \frac{\partial H_x}{\partial x}\varDelta x\right]\varDelta x \tag{10.18}$$

つぎに，PQ の区間では $\boldsymbol{H} \cdot d\boldsymbol{s} = H_x dx + H_y dy$ で，$dx < 0$ であることに注意すると，式(10.19)が導かれる。

$$\int_{\mathrm{PQ}} \boldsymbol{H} \cdot d\boldsymbol{s} = \frac{1}{2}[H_x(x+\varDelta x, y) + H_x(x, y+\varDelta y)](-\varDelta x)$$

$$+ \frac{1}{2}[H_y(x+\varDelta x, y) + H_y(x, y+\varDelta y)]\varDelta y$$

$$= -\frac{1}{2}\left[2H_x(x, y) + \frac{\partial H_x}{\partial x}\varDelta x + \frac{\partial H_x}{\partial y}\varDelta y\right]\varDelta x$$

$$+ \frac{1}{2}\left[2H_y(x, y) + \frac{\partial H_y}{\partial x}\varDelta x + \frac{\partial H_y}{\partial y}\varDelta y\right]\varDelta y \tag{10.19}$$

同様に，QO の区間の線積分も式(10.20)のように導かれる。

$$\int_{\mathrm{QO}} \boldsymbol{H} \cdot d\boldsymbol{s} = \frac{1}{2}\Big[H_y(x, y+\varDelta y) + H_y(x, y)\Big](-\varDelta y)$$

$$= -\frac{1}{2}\left[2H_y(x, y) + \frac{\partial H_y}{\partial y}\varDelta y\right]\varDelta y \tag{10.20}$$

結局，式(10.18)，(10.19)，(10.20)を加え合わせ，式(10.16)を用いると，式(10.21)が得られる。

---

† テーラー展開した級数の 3 項目以降を無視することに相当する。

10.2 マクスウェルの方程式

$$J_z \Delta S_z = \oint_{\text{OPQO}} \boldsymbol{H} \cdot d\boldsymbol{s} = \int_{\text{OP}} \boldsymbol{H} \cdot d\boldsymbol{s} + \int_{\text{PQ}} \boldsymbol{H} \cdot d\boldsymbol{s} + \int_{\text{QO}} \boldsymbol{H} \cdot d\boldsymbol{s}$$

$$= \frac{1}{2}\left(\frac{\partial H_y}{\partial x} - \frac{\partial H_x}{\partial y}\right)\Delta x \Delta y = \left(\frac{\partial H_y}{\partial x} - \frac{\partial H_x}{\partial y}\right)\Delta S_z \tag{10.21}$$

図 10.8(a) に示す積分路 OQRO,ORPO の周回積分をそれぞれ同様に計算すると,式(10.22),(10.23)のようになる。

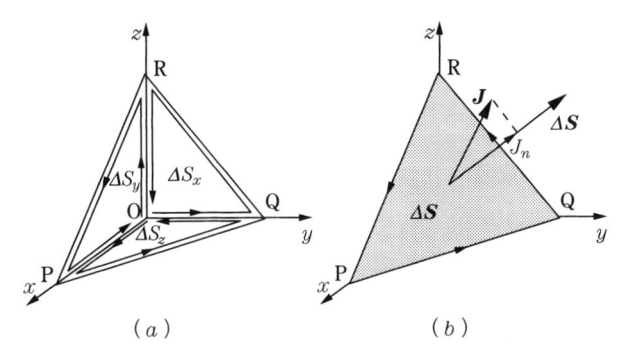

図 10.8　PQRPに沿った周回積分

$$J_x \Delta S_x = \oint_{\text{OQRO}} \boldsymbol{H} \cdot d\boldsymbol{s} = \frac{1}{2}\left(\frac{\partial H_z}{\partial y} - \frac{\partial H_y}{\partial z}\right)\Delta y \Delta z$$

$$= \left(\frac{\partial H_z}{\partial y} - \frac{\partial H_y}{\partial z}\right)\Delta S_x \tag{10.22}$$

$$J_y \Delta S_y = \oint_{\text{ORPO}} \boldsymbol{H} \cdot d\boldsymbol{s} = \frac{1}{2}\left(\frac{\partial H_x}{\partial z} - \frac{\partial H_z}{\partial x}\right)\Delta z \Delta x$$

$$= \left(\frac{\partial H_x}{\partial z} - \frac{\partial H_z}{\partial x}\right)\Delta S_y \tag{10.23}$$

式(10.21),(10.22),(10.23)を加え合わせると式(10.24)のようになる。

$$J_x \Delta S_x + J_y \Delta S_y + J_z \Delta S_z = \oint_{\text{PQRP}} \boldsymbol{H} \cdot d\boldsymbol{s}$$

$$= \left(\frac{\partial H_z}{\partial y} - \frac{\partial H_y}{\partial z}\right)\Delta S_x + \left(\frac{\partial H_x}{\partial z} - \frac{\partial H_z}{\partial x}\right)\Delta S_y + \left(\frac{\partial H_y}{\partial x} - \frac{\partial H_x}{\partial y}\right)\Delta S_z \tag{10.24}$$

ただし,周回積分の和については,図(a)において OP,OQ,OR に沿ったた

がいに反対向きの線積分が打ち消し合い，結局 PQRP に沿った周回積分だけが残る。

式(10.24)は，ベクトルの内積として式(10.25)のように表すことができる。

$$\bm{J}\cdot\varDelta\bm{S}=\oint_{PQRP}\bm{H}\cdot d\bm{s}=(\text{rot }\bm{H})\cdot\varDelta\bm{S} \tag{10.25}$$

ただし，$\bm{J}$ は電流密度のベクトルで，J_x, J_y, J_z を成分とする。すなわち，x, y, z 方向の単位ベクトルを $\bm{i}$, $\bm{j}$, $\bm{k}$ とすると，$\bm{J}$ は次式で表される。

$$\bm{J}=\bm{i}J_x+\bm{j}J_y+\bm{k}J_z \tag{10.26}$$

$\varDelta\bm{S}$ は三角 PQR の**面積ベクトル**で[†]，$\varDelta S_x$, $\varDelta S_y$, $\varDelta S_z$ を成分とする。

$$\varDelta\bm{S}=\bm{i}\varDelta S_x+\bm{j}\varDelta S_y+\bm{k}\varDelta S_z \tag{10.27}$$

rot $\bm{H}$ は $\bm{H}$ の回転である。

---- 回　　　転 ----

$$\begin{aligned}\text{rot }\bm{H}&=\text{curl }\bm{H}=\nabla\times\bm{H}\\ &=\bm{i}\left(\frac{\partial H_z}{\partial y}-\frac{\partial H_y}{\partial z}\right)+\bm{j}\left(\frac{\partial H_x}{\partial z}-\frac{\partial H_z}{\partial x}\right)+\bm{k}\left(\frac{\partial H_y}{\partial x}-\frac{\partial H_x}{\partial y}\right)\\ &=\left(\bm{i}\frac{\partial}{\partial x}+\bm{j}\frac{\partial}{\partial y}+\bm{k}\frac{\partial}{\partial z}\right)\times(\bm{i}H_x+\bm{j}H_y+\bm{k}H_z)\end{aligned} \tag{10.28}$$

rot $\bm{H}$ は**回転** (rotation, curl) と呼ばれ，∇（ナブラ）と $\bm{H}$ の外積である。閉曲線 C で囲まれた微小な面積のベクトル $\varDelta\bm{S}$ を考えると，式(10.25)からもわかるように，rot $\bm{H}$ の $\varDelta\bm{S}$ 方向（$\varDelta\bm{S}$ の面と垂直な）成分は，C に沿う $\bm{H}$ の周回積分を面積 $\varDelta S$ で割ったものである。

rot $\bm{H}$ は curl $\bm{H}$ とも書く。

式(10.25)から，つぎの関係式(10.29)が得られる。

$$\text{rot }\bm{H}=\bm{J} \tag{10.29}$$

ここで，電流密度 $\bm{J}$ を伝導電流 $\bm{J}_c$ と変位電流 $\partial\bm{D}/\partial t$ に分けて書くと，式(10.29)は第1電磁気方程式，式(10.15 a)となる。

$$\text{rot }\bm{H}=\bm{J}=\bm{J}_c+\frac{\partial\bm{D}}{\partial t} \tag{10.15 a}$$

[†] 面積ベクトルの大きさは面積に等しく，方向は面と垂直な右ねじの方向である。

10.2 マクスウェルの方程式

図 10.9 に示すように，微小な閉ループに沿った磁界の周回積分の総和を考えると，最外周以外では隣接するループの線積分が打ち消しあって，結局，最外周のループ C に沿う周回積分だけが残る。一方，ループ C に囲まれる面積 S における $(\mathrm{rot}\,\boldsymbol{H})\cdot\varDelta\boldsymbol{S}$ の総和は面積分に帰するので，ループが微小ではない場合には式(10.25)は式(10.30)のようになる。

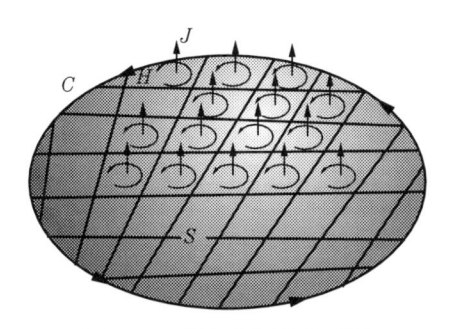

図 10.9 磁界の周回積分の総和

--- ストークスの定理 ---

$$\oint_C \boldsymbol{H}\cdot d\boldsymbol{s} = \iint_S (\mathrm{rot}\,\boldsymbol{H})\cdot d\boldsymbol{S} \tag{10.30}$$

この式は**ストークスの定理**（Stokes' theorem）と呼ばれ，ベクトルの面積分と線積分の間でたがいに変換する公式である[†]。

以上のことからアンペアの周回積分の法則およびマクスウェルの第 1 電磁気方程式は式(10.31)のような積分形で表すこともできる。

$$\oint_C \boldsymbol{H}\cdot d\boldsymbol{s} = I = \iint_S \left(\boldsymbol{J}_c + \frac{\partial \boldsymbol{D}}{\partial t}\right)\cdot d\boldsymbol{S} = \iint_S (\mathrm{rot}\,\boldsymbol{H})\cdot d\boldsymbol{S} \tag{10.31}$$

10.2.2 ファラデーの電磁誘導の法則と第 2 電磁方程式

図 10.10 のループ C に誘起される起電力は，ファラデーの電磁誘導の法則式(8.19)で表される。ただし，ここでは負符号も含める。

[†] 2.12 節のガウスの線束定理と比較されたい。

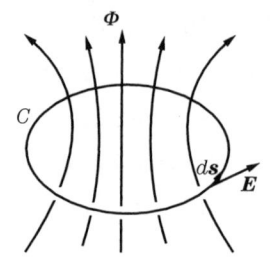

図 10.10 電磁誘導の法則

$$U = -\frac{d\Phi}{dt} \quad [\text{V}] \tag{10.32}$$

U は電界 E をループCに沿って周回積分したものに等しく,式(10.33)のようになる†.

$$U = \oint_C E \cdot ds \quad [\text{V}] \tag{10.33}$$

一方,磁束 Φ は磁束密度 B を面積分することによって得られる.

$$\Phi = \iint_S B \cdot dS \quad [\text{Wb}] \tag{10.34}$$

式(10.33),(10.34)を式(10.32)に代入すると

$$\oint_C E \cdot ds = -\frac{\partial}{\partial t} \iint_S B \cdot dS = \iint_S -\frac{\partial B}{\partial t} \cdot dS \quad [\text{V}] \tag{10.35}$$

式(10.35)の E と $-\partial B/\partial d$ は,それぞれ式(10.31)の H と $(J_c + \partial D/\partial t)$ に対応する.したがって,前節と同様に計算すると,第2電磁方程式が導かれる.

$$\text{rot}\, E = -\frac{\partial B}{\partial t} \tag{10.15 b}$$

---

† 2.11節では $V = \oint_C -E \cdot ds$ であり,負符号が付いていた.起電力は,5.5節で定義したように,荷電粒子 q にエネルギー qU を与えるのであるから,式(10.33)のようになる.導線がループになっていない場合には,端子に電荷が現れて,この電荷によって起電力と反対向きで大きさの等しい電界が発生し,導線の中の電界は打ち消されて0となる.その代わりに,端子間に電圧および電界が発生する.この場合も式(10.33)は成り立つ.

10.3 波動方程式と電磁波

10.3.1 マクスウェルの方程式と波動方程式

伝導電流のない（導電率が 0 の）誘電率が ε [F/m] の空間では，式(10.15 a)は式(10.36)のようになる。

$$\mathrm{rot}\,\boldsymbol{H} = \frac{\partial \boldsymbol{D}}{\partial t} = \varepsilon \frac{\partial \boldsymbol{E}}{\partial t} \tag{10.36}$$

一方，考えている空間の透磁率を μ とすると，式(10.15 b)は式(10.37)のように変形できる。

$$\mathrm{rot}\,\boldsymbol{E} = -\frac{\partial \boldsymbol{B}}{\partial t} = -\mu \frac{\partial \boldsymbol{H}}{\partial t} \tag{10.37}$$

式(10.37)の両辺の rot をとり，これに式(10.36)を代入し，変形していくと

$$\mathrm{rot}(\mathrm{rot}\,\boldsymbol{E}) = -\mathrm{rot}\left(\frac{\partial \boldsymbol{B}}{\partial t}\right) = -\mathrm{rot}\left(\mu \frac{\partial \boldsymbol{H}}{\partial t}\right) = -\mu \frac{\partial}{\partial t}(\mathrm{rot}\,\boldsymbol{H})$$

$$= -\mu \frac{\partial}{\partial t}\left(\frac{\partial \boldsymbol{D}}{\partial t}\right) = -\mu \frac{\partial^2 \boldsymbol{D}}{\partial t^2} = -\varepsilon\mu \frac{\partial^2 \boldsymbol{E}}{\partial t^2} \tag{10.38}$$

となる。さらに左辺は式(10.39)のようになる。

$$\mathrm{rot}(\mathrm{rot}\,\boldsymbol{E}) = \nabla \times (\nabla \times \boldsymbol{E}) = \nabla(\nabla \cdot \boldsymbol{E}) - \nabla^2 \boldsymbol{E} = -\nabla^2 \boldsymbol{E} \tag{10.39}$$

ここで，式(10.15 c)で与えられる電荷密度 $\rho = \varepsilon\,\mathrm{div}\,\boldsymbol{E}$ は 0 であると仮定した。式(10.38)と式(10.39)を結合すると，式(10.40 a)となる。

$$\nabla^2 \boldsymbol{E} = \varepsilon\mu \frac{\partial^2 \boldsymbol{E}}{\partial t^2} \tag{10.40 a}$$

反対に式(10.15 a)，(10.15 b)から $\boldsymbol{E}$ を消去すると式(10.40 b)が得られる。

$$\nabla^2 \boldsymbol{H} = \varepsilon\mu \frac{\partial^2 \boldsymbol{H}}{\partial t^2} \tag{10.40 b}$$

これらは**波動方程式**であり，マクスウェルはこの波動方程式から**電磁波**（electromagnetic wave）の存在を予言したのである。すなわち，電界および磁界が波動として

$$c = \frac{1}{\sqrt{\varepsilon\mu}} \quad [\mathrm{m/s}] \tag{10.41}$$

の速度で空間の中を振動しながら進むのである．さらに，マクスウェルは光も電磁波であることを明らかにした．

光の速度（光速）も式(10.41)で与えられることから，ガラスなどの媒質中では光の進行は遅くなることがわかる．真空中の光速と，ガラスなどの媒質中での光速の比をその媒質の**屈折率**といい，式(10.41)から式(10.42)のように導かれる．

$$n=\frac{\sqrt{\varepsilon\mu}}{\sqrt{\varepsilon_0\mu_0}}=\sqrt{\varepsilon_r\mu_r} \tag{10.42}$$

10.3.2 平面電磁波

最も簡単な電磁波を式(10.43)のように表すことができる．

$$\begin{cases} E_x=E_m\sin(\omega t-kz) \\ H_y=H_m\sin(\omega t-kz) \\ E_y=E_z=0,\ H_x=H_z=0 \end{cases} \tag{10.43}$$

この様子を図 **10.11** に示す．電界と磁界はたがいに垂直で，さらに進行方向とも垂直な横波である．周期 T は，$t+T$ のときの位相が t のときと等しくなることから，$\omega T=2\pi$ となる．したがって T と角速度 ω の間には式(10.44)の関係が得られる．

$$T=\frac{2\pi}{\omega}\quad [\text{s}] \tag{10.44}$$

同様に，波長 λ は，$z+\lambda$ のところの位相が z の場所と等しくなることから（図 **10.12**），$k\lambda=2\pi$ となる．したがって λ と位相定数 k の間には式(10.45)の

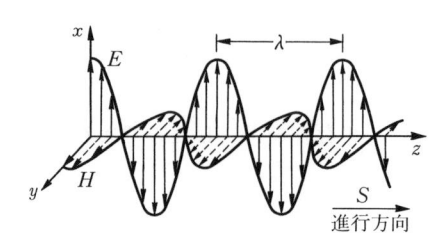

図 10.11 電磁平面波の電磁界

10.3 波動方程式と電磁波

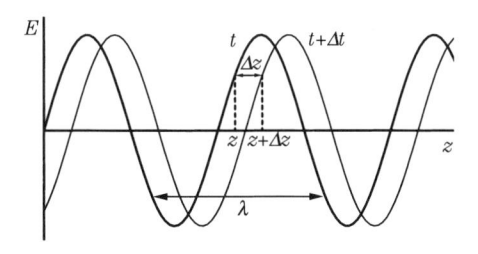

図 **10.12** 波長と位相速度

関係が得られる。

$$\lambda = \frac{2\pi}{k} \quad [\mathrm{m}] \tag{10.45}$$

Δt の時間に，同じ位相の位置が Δz 移動する（図）とき

$$\omega t - kz = \omega(t + \Delta t) - k(z + \Delta z) \tag{10.46}$$

が成り立つので，**位相速度**† は式(10.47)のようになる。

$$c = \frac{\Delta z}{\Delta t} = \frac{\omega}{k} \quad [\mathrm{m/s}] \tag{10.47}$$

【例題 10.4】 式(10.43)で表される平面電磁波がマクスウェルの方程式を満たすための条件を導け。

[解 答] 式(10.43)をマクスウェルの第1電磁方程式(10.15 a)に代入し，左辺と右辺をそれぞれ計算すると

$$\begin{aligned} \operatorname{rot} \boldsymbol{H} &= \boldsymbol{i} k H_m \cos(\omega t - kz) \\ \frac{\partial \boldsymbol{D}}{\partial t} &= \boldsymbol{i} \varepsilon \omega E_m \cos(\omega t - kz) \end{aligned} \tag{10.48}$$

となる。したがって

$$k H_m = \varepsilon \omega E_m \tag{10.49}$$

の関係が成り立つ。同様に，式(10.43)を第2電磁方程式(10.15 b)に代入すると

---

† 波の速度には，同じ位相の位置が進む速度（位相速度 ω/k）と包絡線が進む速度（群速度 $d\omega/dk$）がある（演習問題の問 10.6 を参照）。

$$\text{rot } \boldsymbol{E} = -\boldsymbol{j}kE_m \cos(\omega t - kz)$$

$$-\frac{\partial \boldsymbol{B}}{\partial t} = -\boldsymbol{j}\mu\omega H_m \cos(\omega t - kz) \tag{10.50}$$

となる。したがって，つぎの式(10.51)の関係が成り立つ。

$$kE_m = \mu\omega H_m \tag{10.51}$$

式(10.49)，(10.51)から式(10.52)，(10.53)の関係を得る。

$$\frac{E_m}{H_m} = \sqrt{\frac{\mu}{\varepsilon}} = Z \quad [\Omega] \tag{10.52}$$

$$\frac{\omega}{k} = \frac{1}{\sqrt{\varepsilon\mu}} = c \quad [\text{m/s}] \tag{10.53}$$

　式(10.52)から，電磁波の電界と磁界の比は媒質によって決まり，インピーダンスの単位[Ω]であることがわかる。この比 Z を媒質の**固有インピーダンス**（intrinsic impedance），あるいは**特性インピーダンス**（characteristic impedance）という。また，式(10.53)は電磁波の位相速度を表し(式(10.47)参照)，このことについては式(10.41)として，波動方程式(10.40 a)，(10.40 b)からすでに得られている。

10.4　ポインティングベクトル

　この節では電磁波が運ぶエネルギーを計算する。4.5節で学んだように，電界 E [V/m] の存在する空間には，単位体積当り

$$w_e = \frac{1}{2}\varepsilon E^2 \quad [\text{J/m}^3] \tag{10.54}$$

で表される静電エネルギーが蓄えられている。一方，9.4節で学んだように，磁界 H [A/m] の存在する空間には，単位体積当り式(10.55)で表される静磁エネルギーが蓄えられている。

$$w_m = \frac{1}{2}\mu H^2 \quad [\text{J/m}^3] \tag{10.55}$$

10.4 ポインティングベクトル

電磁波の場合は，電界と磁界が共存し，さらに，その大きさの比が式(10.52)で与えられるので，単位体積当りのエネルギーは式(10.56)で表される。

$$w = w_e + w_m = \frac{1}{2}\varepsilon E^2 + \frac{1}{2}\mu H^2 = \varepsilon E^2 \quad [\text{J/m}^3] \tag{10.56}$$

電磁波が速度 c [m/s] で進行することによって，エネルギーも同じ速度で運ばれる。したがって，進行方向と垂直な単位面積を1秒間に通過するエネルギーは

$$S = wc = \frac{\varepsilon E^2}{\sqrt{\varepsilon\mu}} = \sqrt{\frac{\varepsilon}{\mu}} E^2 = EH \quad [\text{W/m}^2] \tag{10.57}$$

となる。電磁波の運ぶエネルギーの大きさと方向をポインティングベクトルで表す。

── ポインティングベクトル ──

$$\boldsymbol{S} = \boldsymbol{E} \times \boldsymbol{H} \quad [\text{W/m}^2] \tag{10.58}$$

ポインティングベクトル（Poynting vector）の大きさは，進行方向と垂直な単位面積を1秒間に通過するエネルギーの大きさを表す。方向は電磁波の進行方向を表す（$\boldsymbol{E}$，$\boldsymbol{H}$，$\boldsymbol{S}$ の方向の関係は図10.11参照）。

【例題 10.5】 1 m 当りの抵抗が R [Ω] の導線に電流 I [A] を流すとき，導線の中心軸から r [m] 離れたところのポインティングベクトルの大きさと方向を計算せよ。

解答 磁界の大きさは，アンペアの周回積分の法則より

$$H = \frac{I}{2\pi r} \quad [\text{A/m}] \tag{10.59}$$

で，向きは右ねじの方向（図10.13）である。また，電界は 1 m 当りの電圧であ

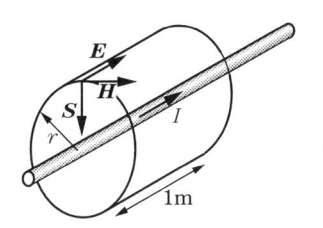

図10.13 電流の流れている導線のまわりのポインティングベクトル，エネルギーの流れ

るから，大きさは

$$E = RI \quad [\text{V/m}] \tag{10.60}$$

で，向きは電流と同じである。したがって，ポインティングベクトルの大きさは

$$S = EH = \frac{RI^2}{2\pi r} \quad [\text{W/m}^2] \tag{10.61}$$

で，導線に向かう方向となる。

　図に示す半径 r [m] の円柱の側面を通して導線の 1 m に流れ込む毎秒のエネルギー（電力）は，ポインティングベクトルに円柱の側面積を乗じることにより得られる。

$$P = 2\pi r \times S = RI^2 \quad [\text{W/m}] \tag{10.62}$$

これは，導線の抵抗により消費される電力に等しい。したがって，抵抗で消費されるエネルギーは，抵抗線に向かって空間から流れ込むのであり，導線の中を通って運ばれるのではないことがわかる。電池で電気エネルギーが発生し，抵抗で消費されるとき，エネルギーは図 10.14 に示すように空間の中を伝わっていくのである。

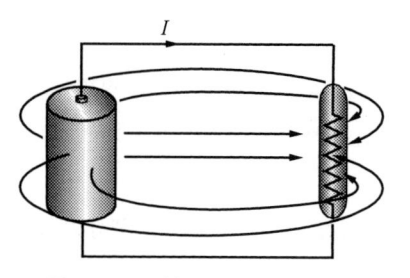

図 10.14　電気エネルギーの流れ

　このように，ポインティングベクトルは電波に限らず，電気および磁気エネルギーの流れの方向と大きさを表す。5.8 節において，スイッチを ON にしてから導線に接続された機器に電流が流れ始めるまでの時間を決めるのは，電子の移動する速さではないことを述べた。この答えはつぎのように考えられる。

　図において，導線を電池に接続すると同時に，+-極につながっている導線の間に電界が発生し，その電界が抵抗に向かって進んでいく。その速さは，式

(10.41)で与えられる電磁波の速度＝光速である．電界が抵抗に到達すると，抵抗に電流が流れるので，抵抗に電流が流れ始めるまでの時間は，抵抗までの導線の長さを光速で割ることによって得られる．

演習問題

【問 10.1】 α 線（ヘリウム原子核 $2e$ [C]）をあらゆる方向へ一様に，毎秒 n 個放射する球がある．球の中心からの距離が r [m] の位置におけるヘリウム原子核による電流密度および変位電流密度を計算せよ．

【問 10.2】 平面導体に向かって，電荷 q [C] の粒子が速度 v [m/s] で運動している．導体からの距離が z [m] のときについて答えよ．ただし，粒子が平面導体に衝突する点を点 O とする．

(1) 平面導体の表面において，点 O から x [m] の距離の点の変位電流密度を計算せよ．

(2) 平面導体の表面における変位電流を計算せよ．

【問 10.3】 m [Wb] の N 極のみを有するモノポールが，半径 a [m]，N 回巻きのコイルの中心軸上のコイルから z [m] 離れた位置を，コイルに向かって速度 v [m] で進むとき，コイルに誘起する起電力を計算せよ．

【問 10.4】 内外の導体の半径がそれぞれ，a, b [m] の同軸ケーブルがある．内外の導体の間は，誘電率 ε [F/m] の誘電体で満たされている．外側の導体に対して内側の導体に $V = V_m \sin \omega t$ [V] の電圧が加えられているとき，内外の導体の間に流れる変位電流（ケーブルの長さ 1 m 当り）を計算せよ．

【問 10.5】 座標 x, y の位置の磁界が次式で表されるとき，電流密度を計算せよ．ただし，A, R は定数，$r = \sqrt{x^2 + y^2}$ である．

$H_x = -Ay, \quad H_y = Ax, \quad H_z = 0 \quad (r < R)$

$H_x = \dfrac{-R^2 Ay}{x^2 + y^2}, \quad H_y = \dfrac{R^2 Ax}{x^2 + y^2}, \quad H_z = 0 \quad (r > R)$

【問 10.6】 次式で表される二つの波を重ね合わせると，包絡線（最大または最小を結んだ線）も波動となり，その伝搬速度は $\Delta \omega / \Delta k$ で与えられることを示

せ．これが群速度である．ただし
$$\Delta\omega=\omega_1-\omega_2, \quad \Delta k=k_1-k_2$$
$$E_1=A\sin(\omega_1 t-k_1 z), \quad E_2=A\sin(\omega_2 t-k_2 z)$$

【問 10.7】 図 10.15 に示す断面を有する同軸ケーブルに電圧 V 〔V〕加え，電流 I 〔A〕流すことを考える．同軸ケーブルの中心軸からの距離 r 〔m〕の位置のポインティングベクトルを計算し，同軸ケーブルの断面を 1 秒間に通過するエネルギーを計算せよ．

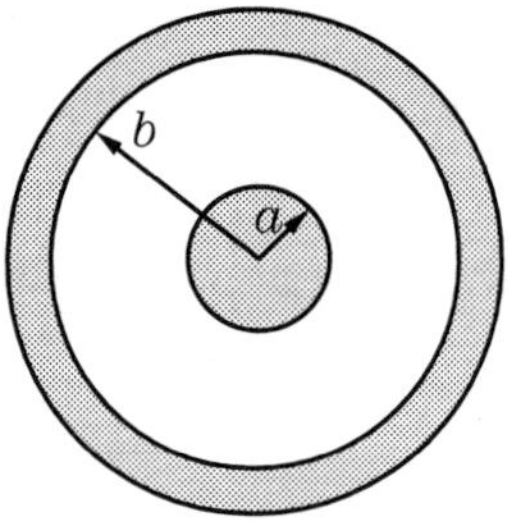

図 10.15

【問 10.8】 あらゆる方向へ一様な電波を放射する理想的なアンテナを考える．このアンテナから r 〔m〕の距離の電波の電界の強さが E 〔V/m〕であるとき，アンテナから放射されている電波の電力を計算せよ．

【問 10.9】 同軸ケーブルの中を電波が進む速さを計算せよ．ただし，同軸ケーブルの内外の導体の間は，比誘電率が ε_r の誘電体で満たされている．

【問 10.10】 式 (10.43) からつぎの波動方程式を導け．また，電界ベクトル $\boldsymbol{E}$ が x 成分のみで，x, y に依存しない場合は，式 (10.40 a) が次式に帰着することを示せ．
$$\frac{\partial^2 E_x}{\partial z^2}=\frac{1}{c^2}\frac{\partial^2 E_x}{\partial t^2}, \quad c^2=\frac{1}{\varepsilon\mu}=\left(\frac{\omega}{k}\right)^2$$

11 特殊な電磁現象

11.1 接触電気

　物体を強く接触させると，一方から他方へ電子が移動し，それぞれが正負に帯電することがある。こうして現れた電気を接触電気といい，摩擦電気もこの接触電気の一種と考えられる。この現象の本質はそれぞれの物体の中の電子のエネルギー状態によるものであるが，詳しくは物性論の書物を参照されたい。

　導体と導体の間で接触電気が起きると，導体の間に電位差を生じる。これを**接触電位差**（contact potential）といい，図 11.1 のように金属 A，B，C が接触しているとき，AC 間の接触電位差 V_{AC} は

$$V_{AC} = V_{AB} + V_{BC} \quad [\text{V}] \tag{11.1}$$

となる。したがって，電流は流れない。

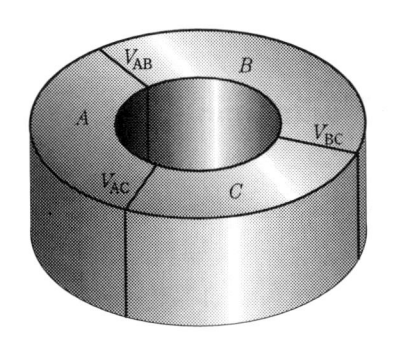

図 11.1　接触電位差

11.2 熱起電力

2種類の導体の接触部の温度が異なる場合には，接触電位差が異なって
$$U = V_{AB}|_{T_1} - V_{AB}|_{T_2} \quad [\text{V}] \tag{11.2}$$
の起電力が回路に発生し，電流が流れる（図11.2）。この起電力を**熱起電力**（thermo-electromotive force）といい，この現象を**ゼーベック効果**（Seebeck effect）という。

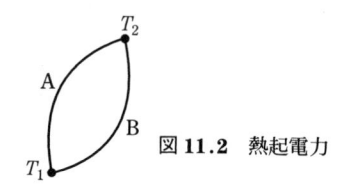

図11.2 熱起電力

熱起電力の大きさは組み合わせる金属，半導体の種類，接続点の温度により異なる。熱起電力が温度によって変化することを利用して，温度を測定するために2種類の金属線を接続したものを**熱電対**（thermocouple）という。ゼーベック効果は熱エネルギーを電気エネルギーに直接変換する現象ではあるが，熱起電力が小さいので，この電気エネルギーをエネルギー源としては利用していない[†]。

11.3 ペルチエ効果

ペルチエ効果（Peltier effect）はゼーベック効果の逆の現象で，2種類の導体を接合して電流を流すと，一方の接触部から他方へ熱エネルギーが運ばれる現象である。半導体のペルチエ係数（1秒間に輸送した熱量/電流）は大きく，

---

† 腕時計の皮膚に接する側と反対側の温度差を発電に利用して，電池を不要にしたものはあるが，非常に微弱なエネルギーである。

LSIの冷却などに利用されている。

11.4 トムソン効果

同一の導体の中でも温度が異なると，電流を流すことによって，温度の異なる2点間で熱エネルギーの移動が起きる。これを**トムソン効果**（Thomson effect）と呼ぶ。

11.5 圧電気

ある種の誘電体の結晶に力を加えると，分極し電圧が発生する。これを**圧電気効果**（piezo-electric effect）という。電気エネルギーと機械エネルギーが結晶の中で変換されている。マイクロホン，圧力センサなどに利用される。

　圧電気効果には逆効果もあり，電圧を加えると機械的にひずむ。超音波振動子，圧電スピーカ，超音波モータなどに利用される。また，時計などに利用されている水晶振動子の周波数が安定しているのも圧電性と関連している。

11.6 焦電気

圧電性を示す結晶の中には熱することによって表面に電荷が現れるものがある。冷却すると正負反対の電荷が現れる。このような現象を**焦電気**（pyroelectricity）という。これはイオンなどが吸着していったん電気的に中性になった結晶の表面が，温度変化によって分極の大きさが変化することにより，バランスが崩れて電荷が生じるものである。焦電結晶は赤外線の検出などに利用される。

付表

表 A.1 おもな物理定数

真空の誘電率	$\varepsilon_0 = 8.85418783 \times 10^{-12}$ F/m
素電荷（電子の電荷の絶対値）	$e = 1.6021892 \times 10^{-19}$ C
電子の質量	$m_e = 9.109534 \times 10^{-31}$ kg
真空の透磁率	$\mu_0 = 4\pi \times 10^{-7}$ H/m
真空中の光速度	$c = 2.99792458 \times 10^{8}$ m/s
重力加速度	$g = 9.8$ m/s^2

表 A.2 よく使われる単位の接頭記号

テラ	tera	T	10^{12}	ミリ	mili	m	10^{-3}
ギガ	giga	G	10^{9}	マイクロ	micro	μ	10^{-6}
メガ	mega	M	10^{6}	ナノ	nano	n	10^{-9}
キロ	kilo	k	10^{3}	ピコ	pico	p	10^{-12}

表 A.3 電気磁気に関するおもな単位

量	名 称	記 号	他のSI単位による表し方	SI基本単位による表し方
長 さ	メートル	m		基本単位
質 量	キログラム	kg		
時 間	秒	s		
電 流	アンペア	A		
温 度	ケルビン	K		
周波数	ヘルツ	Hz		s^{-1}
力	ニュートン	N		$m \cdot kg \cdot s^{-2}$
圧力・応力	パスカル	Pa	N/m^2	$m^{-1} \cdot kg \cdot s^{-2}$
エネルギー 仕事・熱量	ジュール	J	$N \cdot m$	$m^2 \cdot kg \cdot s^{-2}$
電力・仕事率	ワット	W	J/s	$m^2 \cdot kg \cdot s^{-3}$
電荷・電束	クーロン	C		$s \cdot A$
電圧・電位 電位差・起電力	ボルト	V	J/C	$m^2 \cdot kg \cdot s^{-3} \cdot A^{-1}$
電 界	ボルト/メートル		V/m	$m \cdot kg \cdot s^{-3} \cdot A^{-1}$
電束密度・分極	クーロン/平方メートル		C/m^2	$m^{-2} \cdot s \cdot A$
静電容量	ファラド	F	C/V	$m^{-2} \cdot kg^{-1} \cdot s^4 \cdot A^2$
電気双極子モーメント	クーロン・メートル		$C \cdot m$	$m \cdot s \cdot A$
誘電率	ファラド/メートル		F/m	$m^{-3} \cdot kg^{-1} \cdot s^4 \cdot A^2$
電流密度	アンペア/平方メートル		A/m^2	$m^{-2} \cdot A$
電気抵抗	オーム	Ω	V/A	$m^2 \cdot kg \cdot s^{-3} \cdot A^{-2}$
抵抗率・固有抵抗	オーム・メートル		$\Omega \cdot m$	$m^3 \cdot kg \cdot s^{-3} \cdot A^{-2}$
コンダクタンス	ジーメンス	S	Ω^{-1}	$m^{-2} \cdot kg^{-1} \cdot s^3 \cdot A^2$
導電率・電気伝導率	ジーメンス/メートル		S/m	$m^{-3} \cdot kg^{-1} \cdot s^3 \cdot A^2$
磁界・起磁力	アンペア/メートル		A/m	$m^{-1} \cdot A$
磁束・磁極	ウェーバ	Wb	$V \cdot s$	$m^2 \cdot kg \cdot s^{-2} \cdot A^{-1}$
磁束密度・磁化 磁極密度	テスラ	T	Wb/m^2	$kg \cdot s^{-2} \cdot A^{-1}$
磁気モーメント	ウェーバ・メートル		$Wb \cdot m$	$m^3 \cdot kg \cdot s^{-2} \cdot A^{-1}$
インダクタンス	ヘンリー	H	Wb/A	$m^2 \cdot kg \cdot s^{-2} \cdot A^{-2}$
透磁率・磁化率	ヘンリー/メートル		H/m	$m \cdot kg \cdot s^{-2} \cdot A^{-2}$
磁気抵抗	アンペア/ウェーバ		A/Wb	$m^{-2} \cdot kg^{-1} \cdot s^2 \cdot A^2$

参 考 文 献

(1) ファインマン，レイトン，サンズ著，宮島龍興訳：ファインマン物理学Ⅲ，電磁気学，岩波書店 (1969)
(2) ファインマン，レイトン，サンズ著，戸田盛和訳：ファインマン物理学Ⅵ，電磁波と物性，岩波書店 (1971)
(3) ランダウ，リフシッツ著，井上健男，安河内昂，佐々木健訳：理論物理学教程，電磁気学，東京図書 (1965)
(4) ランダウ，リフシッツ著，広重　徹，恒藤敏彦訳：理論物理学教程，場の古典論，東京図書 (1964)
(5) 小塚洋司：電気磁気学，森北出版 (1998)
(6) 安達三郎，大貫繁雄：電気磁気学，森北出版 (1993)
(7) パーセル著，飯田修一監訳：バークレー物理学コース2，電磁気，丸善 (1971)
(8) 山田直平：電気磁気学（改訂版），電気学会 (1966)
(9) ゾンマーフェルト著，伊藤大介訳：理論物理学講座Ⅲ，電磁気学，講談社 (1969)
(10) デッカー著，酒井善雄，山中俊一訳：電気物性論入門，丸善 (1951)
(11) 東京天文台編纂：理科年表，丸善 (1986)
(12) 大原儀作，城阪俊吉：電気材料および部品，朝倉書店 (1965)

演習問題解答

【問 1.1】　-2.0×10^{-7} C　　【問 1.2】　$F = \dfrac{Q_2}{4\pi\varepsilon_0}\left(\dfrac{Q_1}{a^2} + \dfrac{Q_3}{b^2}\right)$ 〔N〕

【問 1.3】　（1）　$F = \dfrac{q}{4\pi\varepsilon_0}\left[\dfrac{Q_1}{x^2} - \dfrac{Q_2}{(0.14-x)^2}\right]$ 〔N〕

（2）　6 cm

【問 1.4】　1.27×10^{-2} N

方向は斜辺と平行に，正電荷から負電荷に向かう方向。

【問 1.5】　$F = \dfrac{Q^2}{4\pi\varepsilon_0 a^2}\left(\sqrt{2} + \dfrac{1}{2}\right)$ 〔N〕

【問 2.1】　（1）　A に向かう方向，6.0×10^6 V/m　（2）　-6.7×10^{-8} C

【問 2.2】　（1）　$E = 5.15 \times 10^{11}$ V/m, $F = 8.23 \times 10^{-8}$ N

（2）　$V = 27.2$ V, $W = -4.36 \times 10^{-18}$ J

（3）　電子の向心力　$\dfrac{mv^2}{r} = F$ より $v = 2.19 \times 10^6$ m/s,

運動エネルギー　2.18×10^{-18} J

【問 2.3】　$E = \dfrac{2x}{\sqrt{x^2+a^2}} E' = \dfrac{2xQ}{4\pi\varepsilon_0(x^2+a^2)^{3/2}}$ 〔V/m〕, $V = \dfrac{2Q}{4\pi\varepsilon_0\sqrt{x^2+a^2}}$ 〔V〕

【問 2.4】　$E = \dfrac{Qx}{\pi\varepsilon_0\left(x^2+\dfrac{a^2}{2}\right)^{3/2}}$ 〔V/m〕, $V = \dfrac{Q}{\pi\varepsilon_0\sqrt{x^2+\dfrac{a^2}{2}}}$ 〔V〕

【問 2.5】　0.5 N の西向きの力。必要なエネルギーは 7.5×10^{-2} J。

【問 2.6】　49 V/m,　9.8 V

【問 2.7】　$E = \dfrac{Q}{2\pi\varepsilon_0 r}$ 〔V/m〕, $V = \dfrac{Q}{2\pi\varepsilon_0} \ln \dfrac{b}{a}$ 〔V〕

【問 2.8】　$r < a$ のとき　$E = 0$ V/m, $V = \dfrac{3Q(b^2-a^2)}{8\pi\varepsilon_0(b^3-a^3)}$ 〔V〕

$a<r<b$ のとき　　$E=\dfrac{(r^3-a^3)Q}{4\pi\varepsilon_0(b^3-a^3)r^2}$　[V/m],

$$V=\dfrac{Q(3b^2r-r^3-2a^3)}{8\pi\varepsilon_0(b^3-a^3)r}\quad[\text{V}]$$

$r>b$ のとき　　$E=\dfrac{Q}{4\pi\varepsilon_0 r^2}$　[V/m],　　$V=\dfrac{Q}{4\pi\varepsilon_0 r}$　[V]

【問2.9】　$r<a$ のとき　$E=0$ V/m,

$$V=\dfrac{\rho}{2\varepsilon_0}\left[(b^2-a^2)\ln\left(\dfrac{R}{b}\right)+a^2\ln\left(\dfrac{a}{b}\right)+\dfrac{b^2-a^2}{2}\right]\quad[\text{V}]$$

$a<r<b$ のとき　　$E=\dfrac{(r^2-a^2)\rho}{2\varepsilon_0 r}$　[V/m],

$$V=\dfrac{\rho}{2\varepsilon_0}\left[(b^2-a^2)\ln\left(\dfrac{R}{b}\right)+a^2\ln\left(\dfrac{r}{b}\right)+\dfrac{b^2-r^2}{2}\right]\quad[\text{V}]$$

$r>b$ のとき　　$E=\dfrac{(b^2-a^2)\rho}{2\varepsilon_0 r}$　[V/m],　　$V=\dfrac{(b^2-a^2)\rho}{2\varepsilon_0}\ln\left(\dfrac{R}{r}\right)$　[V]

【問2.10】　$r<a$ のとき　$E=\dfrac{\rho}{3\varepsilon_0}r$　[V/m],　$r>a$ のとき　$E=\dfrac{a^3\rho}{3\varepsilon_0 r^2}$　[V/m]

【問2.11】　原子核と電子雲は反対方向に同じ大きさの力 $F=QE_0$ [N] を受け，原子核は電子雲の中心から x [m] 移動することによって，電子雲の電界 E' から力を受ける．電子雲の中心から x [m] 離れた点の電界 E' は

$$E'=\dfrac{\dfrac{4\pi x^3}{3}\rho}{4\pi\varepsilon_0 x^2}=\dfrac{\dfrac{4\pi x^3}{3}}{4\pi\varepsilon_0 x^2}\dfrac{(-Q)}{\dfrac{4\pi R^3}{3}}=-\dfrac{Qx}{4\pi\varepsilon_0 R}\quad[\text{V/m}]$$

したがって，原子核と電子雲の間に働く引力は

$$F'=QE'=\dfrac{Q^2 x}{4\pi\varepsilon_0 R^3}\quad[\text{N}]$$

となり，F と F' が釣合うのは，$x=\dfrac{4\pi\varepsilon_0 R^3}{Q}E_0$　[m]

【問2.12】　電荷密度 ρ で満たされた半径 a の球と，$-\rho$ で満たされた半径 b の球の重ね合わせとして考える．球の中心を原点とする座標 (x,y) の点で

半径 a の球による電界の x,y 成分は，それぞれ $E_{ax}=\dfrac{\rho x}{3\varepsilon_0}$,　$E_{ay}=\dfrac{\rho y}{3\varepsilon_0}$．

半径 b の球による電界の x,y 成分は，それぞれ $E_{bx}=\dfrac{\rho(d-x)}{3\varepsilon_0}$,　$E_{by}=$

$-\dfrac{\rho y}{3\varepsilon_0}$。

両者を合成すると x 成分のみが残り，$E=\dfrac{\rho d}{3\varepsilon_0}$ 〔V/m〕となる。

【問 2.13】 $E=\dfrac{Q}{2\pi\varepsilon_0}\left(\dfrac{1}{x}+\dfrac{1}{d-x}\right)$ 〔V/m〕，$V=\dfrac{Q}{2\pi\varepsilon_0}\ln\left(\dfrac{d-x}{x}\right)$ 〔V〕

【問 2.14】 $x<\dfrac{d}{2}$ のとき $E=\dfrac{\rho x}{\varepsilon_0}$ 〔V/m〕，$x>\dfrac{d}{2}$ のとき $E=\dfrac{\rho d}{2\varepsilon_0}$ 〔V/m〕

【問 2.15】 $\sigma=\varepsilon_0(E_2-E_1)$ 〔C/m²〕 【問 2.16】 1.6×10^{-19} J，5.93×10^5 m/s

【問 2.17】 （1） $\dfrac{mv_0^2}{2qE}$ 〔m〕，（2） $\dfrac{2mv_0}{qE}$ 〔s〕

【問 2.18】 $E=\dfrac{V}{D-d}$ 〔V/m〕

電極の電荷密度は $\varepsilon_0 E$ 〔C/m²〕。例題 2.9 より，電極の間の電界 E は両電極がそれぞれ作る電界 $E/2$ の和である。一方の電極に力を与えるのは他方の電極の電荷による電界 $E/2$ であって，E ではない。したがって

$$f=\dfrac{\varepsilon_0}{2}E^2=\dfrac{\varepsilon_0}{2}\left(\dfrac{V}{D-d}\right)^2 \quad \text{〔N/m²〕}$$

【問 2.19】 $V=\dfrac{ab\sigma}{(a+b)\varepsilon_0}$ 〔V〕，$E_a=\dfrac{b\sigma}{(a+b)\varepsilon_0}$ 〔V/m〕，$E_b=\dfrac{a\sigma}{(a+b)\varepsilon_0}$ 〔V/m〕

【問 2.20】 （1） $-\dfrac{Q}{4\pi b^2}$ 〔C/m²〕，（2） $-Q$ 〔C〕，（3） $\dfrac{Q}{4\pi\varepsilon_0}\left(\dfrac{1}{a}-\dfrac{1}{b}\right)$ 〔V〕

【問 2.22】 （1） y 軸と垂直な面 $\dfrac{Qb}{2\pi}\left[\dfrac{1}{[(x+a)^2+b^2]^{3/2}}-\dfrac{1}{[(x-a)^2+b^2]^{3/2}}\right]$ 〔C/m²〕

x 軸と垂直な面 $\dfrac{Qa}{2\pi}\left[\dfrac{1}{[(y+b)^2+a^2]^{3/2}}-\dfrac{1}{[(y-b)^2+a^2]^{3/2}}\right]$ 〔C/m²〕

（2） $F_x=\dfrac{Q^2}{16\pi\varepsilon_0}\left(-\dfrac{1}{a^2}+\dfrac{a}{(a^2+b^2)^{3/2}}\right)$，$F_y=\dfrac{Q^2}{16\pi\varepsilon_0}\left(-\dfrac{1}{b^2}+\dfrac{b}{(a^2+b^2)^{3/2}}\right)$ 〔N〕

（3） 0 V

（4） 現在の位置から x 軸に沿って $-F_x$ を ∞ まで積分し，つぎに y 軸に沿って $-F_y$ を ∞ まで積分することにより得られる。

$$\int_a^\infty [-F_x]_{y=b}\,dx+\int_b^\infty [-F_y]_{x=\infty}\,dy=\dfrac{Q^2}{16\pi\varepsilon_0}\int_a^\infty\left(\dfrac{1}{x^2}+\dfrac{x}{(x^2+b^2)^{3/2}}\right)dx$$

$$+\int_b^\infty\dfrac{1}{y^2}\,dy=\dfrac{Q^2}{16\pi\varepsilon_0}\left(\dfrac{1}{a}+\dfrac{1}{b}-\dfrac{1}{\sqrt{a^2+b^2}}\right) \quad \text{〔J〕}$$

【問2.23】（1） $-\dfrac{Q}{4\pi a}\left(\dfrac{a+D}{(D-a)^2}-\dfrac{1}{D}\right)$ 〔C/m²〕， （2） $\dfrac{Q}{4\pi\varepsilon_0 D}$ 〔V〕

（3） 電荷 Q が中心から x の距離にあるとき，Q に働く力を D から ∞ の範囲で積分することにより得られる．

$$\int_D^\infty \dfrac{aQ^2}{4\pi\varepsilon_0}\left(\dfrac{a/x}{\{x^2-(a/x)^2\}^2}-\dfrac{a/x}{x^2}\right)dx = \dfrac{aQ^2}{8\pi\varepsilon_0}\left(\dfrac{1}{D^2-a^2}-\dfrac{1}{D^2}\right) \text{〔J〕}$$

【問2.24】（1） $-\dfrac{eN_A}{\varepsilon}(x-W)$ 〔V/m〕， （2） $-eN_A$ 〔C/m³〕

【問2.26】 $\dfrac{Q}{2\pi\varepsilon_0 a^2}(\sqrt{a^2+z^2}-z)$ 〔V〕

【問2.27】（1） $r<a$ の場合

$$E_x=\dfrac{Qx}{4\pi\varepsilon_0 a^3},\quad E_y=\dfrac{Qy}{4\pi\varepsilon_0 a^3},\quad E_z=\dfrac{Qz}{4\pi\varepsilon_0 a^3} \text{〔V/m〕},$$

$r>a$ の場合

$$E_x=\dfrac{Qx}{4\pi\varepsilon_0 r^3},\quad E_y=\dfrac{Qy}{4\pi\varepsilon_0 r^3},\quad E_z=\dfrac{Qz}{4\pi\varepsilon_0 r^3} \text{〔V/m〕}$$

（2） $r<a$ の場合

$$\rho=\dfrac{3Q}{4\pi a^3} \text{〔C/m³〕},$$

$r>a$ の場合　$\rho=0$ 〔C/m³〕

【問2.28】 $\int_{\text{OP}} \boldsymbol{E}\cdot d\boldsymbol{s} = \int_0^b [E_y]_{x=0}dy = \dfrac{D}{3}b^3,\quad \int_{\text{PQ}} \boldsymbol{E}\cdot d\boldsymbol{s} = \int_0^a [E_x]_{y=b}dx = \dfrac{A}{2}a^2+Bba,$

$\int_{\text{OPQ}} \boldsymbol{E}\cdot d\boldsymbol{s} = \int_{\text{OP}} \boldsymbol{E}\cdot d\boldsymbol{s} + \int_{\text{PQ}} \boldsymbol{E}\cdot d\boldsymbol{s} = \dfrac{A}{2}a^2+Bba+\dfrac{D}{3}b^3$ 〔V〕

【問3.1】 （1） 3.0×10^{-8} C， （2） 0.59 mm

【問3.2】 7.1×10^{-4} F　【問3.3】 $\dfrac{\varepsilon_0 S}{d-t}$ 〔F〕

【問3.4】 並列接続 $0.3\,\mu$F，直列接続 $0.067\,\mu$F

【問3.5】 並列接続の場合，$C_1 : 5.0\times10^{-6}$ J，$C_2 : 1.0\times10^{-5}$ J，$C : 1.5\times10^{-5}$ J
直列接続の場合，$C_1 : 2.2\times10^{-6}$ J，$C_2 : 1.1\times10^{-6}$ J，$C : 3.3\times10^{-6}$ J

【問3.6】 $\dfrac{C_1V_1+C_2V_2}{C_1+C_2}$ 〔V〕，$\dfrac{C_1C_2(V_1-V_2)^2}{2(C_1+C_2)}$ 〔J〕

【問3.7】 $0.26\,\mu$F

【問 3.8】 対称性により，2個の C_1, C_2 に蓄積されている電荷は等しく，これらを Q_1, Q_2 とすると，全体に蓄積されている電荷は

$$Q = Q_1 + Q_2 \tag{1}$$

AB間の電圧は

$$V = \frac{Q_1}{C_1} + \frac{Q_2}{C_2} \tag{2}$$

である。また，C_3 に蓄積されている電荷は $Q_1 - Q_2$ であるので

$$\frac{Q_1}{C_1} + \frac{Q_1 - Q_2}{C_3} = \frac{Q_2}{C_2} \tag{3}$$

の関係が成り立つ。式（3）から $Q_2 = \dfrac{C_2(C_1 + C_3)}{C_1(C_2 + C_3)} Q_1$ の関係が導かれ，これを式（1），（2）に代入することにより

$$C = \frac{Q}{V} = \frac{2C_1C_2 + C_2C_3 + C_3C_1}{C_1 + C_2 + 2C_3} \quad [\mathrm{F}]$$

が得られる。

【問 3.9】 1.4×10^{-4} C

【問 3.10】 （1） $Q_1 = Q_2 = \dfrac{C_1C_2(U_1 + U_2)}{C_1 + C_2} = 14.0\,\mu\mathrm{C}$, $Q_3 = 0\,\mu\mathrm{C}$

（2） $Q_1 = 14.75\,\mu\mathrm{C}$, $Q_2 = 14.0\,\mu\mathrm{C}$, $Q_3 = 0.75\,\mu\mathrm{C}$

（3） $Q_1 = 14.5\,\mu\mathrm{C}$, $Q_2 = 13.0\,\mu\mathrm{C}$, $Q_3 = 1.5\,\mu\mathrm{C}$

【問 3.11】 （1） $\dfrac{V}{d}\,[\mathrm{V/m}]$ （2） $3V\,[\mathrm{V}]$ （3） $2V\,[\mathrm{V}]$

【問 4.1】 $2.6\,\mathrm{m}^2$

【問 4.2】 半径 $a+t$ の球面には分極電荷 $Q' = Q(\varepsilon_r - 1)/\varepsilon_r$，半径 a の球面には $Q-Q'$ の電荷が現れる。これを基に図 2.23 と同様の図を描くことにより電位を得る。

$r > a + t$ $\quad D = \dfrac{Q}{4\pi r^2}\,[\mathrm{C/m^2}]$, $E = \dfrac{Q}{4\pi\varepsilon_0 r^2}\,[\mathrm{V/m}]$, $P = 0\,[\mathrm{C/m^2}]$,

$\quad V = \dfrac{Q}{4\pi\varepsilon_0 r}\,[\mathrm{V}]$

$a < r < a + t$ $\quad D = \dfrac{Q}{4\pi r^2}\,[\mathrm{C/m^2}]$, $E = \dfrac{Q}{4\pi\varepsilon_0 \varepsilon_r r^2}\,[\mathrm{V/m}]$,

$\quad P = \dfrac{(\varepsilon_r - 1)Q}{4\pi\varepsilon_r r^2}\,[\mathrm{C/m^2}]$,

$$V = \frac{Q}{4\pi\varepsilon_0\varepsilon_r r} + \frac{(\varepsilon_r-1)Q}{4\pi\varepsilon_0\varepsilon_r(a+t)} \quad [\text{V}]$$

$0 < r < a$ $D = 0$ [C/m²], $E = 0$ [V/m], $P = 0$ [C/m²],

$$V = \frac{Q}{4\pi\varepsilon_0\varepsilon_r a} + \frac{(\varepsilon_r-1)Q}{4\pi\varepsilon_0\varepsilon_r(a+t)} \quad [\text{V}]$$

【問 4.3】 クーロン力（結合力）は空気中の $1/\varepsilon_r$ 倍。水の比誘電率は 80（表 4.1 参照）であるから，クーロン力は 1/80 に減少する。

【問 4.4】 （1） 0.54

（2） 隙間の電界とガラスの中の電界の比は 4.2：1。

【問 4.5】 （1） $E = \dfrac{V}{d}$ [V/m]

（2） $\sigma_i = D = \dfrac{\varepsilon V}{d}$ [C/m²]

（3） $\dfrac{\varepsilon_0 + \varepsilon}{2\varepsilon_0}$ 倍

【問 4.6】 （1） A 面：$-P$ [C/m²]，B 面：切り口が斜めになると面積は $1/\sin\theta$ 倍に大きくなるが，断面全体の電荷の量は A 面の電荷の量の絶対値と等しいので，電荷密度は $\sin\theta$ 倍に小さくなって $P\sin\theta$ [C/m²]。

（2） $\dfrac{ab(c+d)}{2}P$ [C·m]

【問 4.7】 （1） $\sigma = P\cos\theta$ [C/m²]，（2） $\dfrac{4\pi a^3}{3}P$ [C·m]

（3） 図 A.1 に示すような，幅 $ad\theta$ のリングによる球の中心の電界は，例題 2.3 において $Q \Rightarrow P\cos\theta \times 2\pi a^2\sin\theta d\theta$, $a^2 + z^2 \Rightarrow a^2$, $z \Rightarrow a\cos\theta$

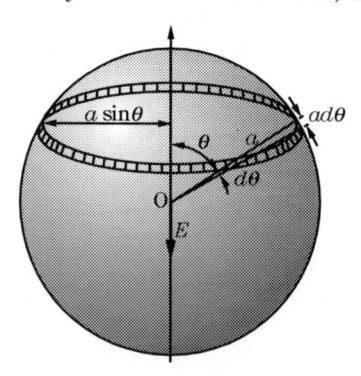

図 A.1

と置き換えることにより，$dE = P\sin\theta\cos^2\theta d\theta/2\varepsilon_0$ となる。これを，θ について $0\sim\pi$ の範囲で積分することにより，$E = P/3\varepsilon_0$ 〔V/m〕が得られる。

【問 4.8】 $D_{2/\!/} = \varepsilon_2 E_{2/\!/} = \varepsilon_2 E_{1/\!/} = \dfrac{\varepsilon_2}{\varepsilon_1}D_1\cos\theta_1$, $\quad D_{2\perp} = D_{1\perp} = D_1\sin\theta_1$

$D_2 = \sqrt{D_{2/\!/}^2 + D_{2\perp}^2} = D_1\sqrt{\left(\dfrac{\varepsilon_2}{\varepsilon_1}\cos\theta_1\right)^2 + \sin^2\theta_1}$

$\theta_2 = \tan^{-1}\dfrac{D_{2\perp}}{D_{2/\!/}} = \tan^{-1}\dfrac{\varepsilon_1\sin\theta_1}{\varepsilon_2\cos\theta_1} = \tan^{-1}\left(\dfrac{\varepsilon_1}{\varepsilon_2}\tan\theta_1\right)$

【問 4.9】（1）どちらの誘電体でも電界は等しいのでそれを E と置き，$r=a$ における E を E_a とすると，内側の導体球の電荷密度は $\sigma_1 = \varepsilon_1 E_a$，$\sigma_2 = \varepsilon_2 E_a$ となる。一方，$Q = 2\pi a^2(\sigma_1 + \sigma_2)$ であるから，$E_a = \dfrac{Q}{2\pi a^2(\varepsilon_1+\varepsilon_2)}$，したがって

$$E = \dfrac{Q}{2\pi r^2(\varepsilon_1+\varepsilon_2)} \quad \text{〔V/m〕}$$

（2）分極電荷は，分極の大きさと等しいので

$$\sigma_{p1} = (\varepsilon_1-\varepsilon_0)E_a = \dfrac{(\varepsilon_1-\varepsilon_0)Q}{2\pi a^2(\varepsilon_1+\varepsilon_2)} \quad \text{〔C/m}^2\text{〕}$$

$$\sigma_{p2} = \dfrac{(\varepsilon_2-\varepsilon_0)Q}{2\pi a^2(\varepsilon_1+\varepsilon_2)} \quad \text{〔C/m}^2\text{〕}$$

（3）$C = \dfrac{2\pi(\varepsilon_1+\varepsilon_2)}{\dfrac{1}{a}-\dfrac{1}{b}}$ 〔F〕

【問 4.10】 $W_e = \displaystyle\int_0^Q Vdq = \int_0^Q \dfrac{q}{4\pi\varepsilon_0 a}dq = \dfrac{Q^2}{8\pi\varepsilon_0 a}$ 〔J〕

$W_e = \displaystyle\int_a^\infty \dfrac{\varepsilon_0}{2}E^2 4\pi r^2 dr = \int_a^\infty \dfrac{\varepsilon_0}{2}\left(\dfrac{Q}{4\pi\varepsilon_0 r^2}\right)^2 4\pi r^2 dr = \dfrac{Q^2}{8\pi\varepsilon_0 a}$ 〔J〕

【問 4.11】電極の間の電界 E は，例題 2.9 で導出したように，陽，陰極が作り出す電界 $E/2$ の重ね合わせの結果である。一方の電極は，他方の電極による電界だけから力を受けるのであるから，電極が受ける力は，電荷 Q と電界 $E/2$ の積 $QE/2$ である。

【問 4.12】（1）$V = \displaystyle\int_b^a -Edr = \int_b^a -\dfrac{Q}{2\pi\varepsilon r}dr = \dfrac{Q}{2\pi\varepsilon}\ln\dfrac{b}{a}$ 〔V/m〕

(2) $C = \dfrac{Q}{V} = \dfrac{2\pi\varepsilon}{\ln\dfrac{b}{a}}$ 〔F/m〕

(3) $W_e = \dfrac{Q^2}{2C} = \dfrac{Q^2}{4\pi\varepsilon}\ln\dfrac{b}{a}$ 〔J/m〕

$W_e = \displaystyle\int_a^b \dfrac{\varepsilon}{2}E^2 2\pi r dr = \int_a^b \dfrac{\varepsilon}{2}\left(\dfrac{Q}{2\pi\varepsilon r}\right)^2 2\pi r dr = \dfrac{Q^2}{4\pi\varepsilon}\ln\dfrac{b}{a}$ 〔J/m〕

(4) 仮想的に，外側の導体の半径を db だけ大きくすることを考えると

$F = -\dfrac{dW_e}{db} = -\dfrac{Q^2}{4\pi\varepsilon b}$ 〔N/m〕

負符号は，力が中心へ向かう方向であることを示す．したがって，圧力は

$P = \dfrac{F}{2\pi b} = \dfrac{Q^2}{8\pi^2 \varepsilon b^2}$ 〔Pa〕

【問 4.13】 $\Delta W = \dfrac{Q^2}{2(C+\Delta C)} - \dfrac{Q^2}{2C} = \dfrac{Q^2}{2C}\left(\dfrac{1}{1+\dfrac{\Delta C}{C}} - 1\right) \cong -\dfrac{Q^2}{2C}\dfrac{\Delta C}{C} = \dfrac{Q^2}{2}\Delta\left(\dfrac{1}{C}\right)$ 〔J〕

$f = -\dfrac{dW}{dx} = -\dfrac{Q^2}{2}\dfrac{d}{dx}\left(\dfrac{1}{C}\right)$ 〔N〕

【問 4.14】 $\Delta W = \dfrac{1}{2}(C+\Delta C)V^2 - \dfrac{1}{2}CV^2 = \dfrac{1}{2}\Delta CV^2$ 〔J〕

$\Delta Q = V\Delta C$ の電荷の流入に伴って流入するエネルギーは，$\Delta W' = V^2 \Delta C$ 〔J〕，したがって

$f = -\dfrac{dW - dW'}{dx} = \dfrac{1}{2}\dfrac{dC}{dx}V^2$ 〔N〕

【問 4.15】 (1) $\Delta C = \dfrac{\varepsilon_0(\varepsilon_r - 1)ah}{d}$ 〔F〕であるから

$\Delta W = \dfrac{1}{2}\Delta C \times V^2 = \dfrac{\varepsilon_0(\varepsilon_r - 1)ah}{2d}V^2$ 〔J〕

(2) $\Delta Q = \Delta C \times V = \dfrac{\varepsilon_0(\varepsilon_r - 1)ah}{d}V$ 〔C〕であるから

$\Delta W' = V\Delta Q = \dfrac{\varepsilon_0(\varepsilon_r - 1)ah}{d}V^2$ 〔J〕

(3) $\Delta W' = \Delta W + \dfrac{1}{2}\rho g h^2 da$ より，$h = \dfrac{\varepsilon_0(\varepsilon_r - 1)}{\rho g d^2}V^2$ 〔m〕

【問5.1】 図 A.2 参照。

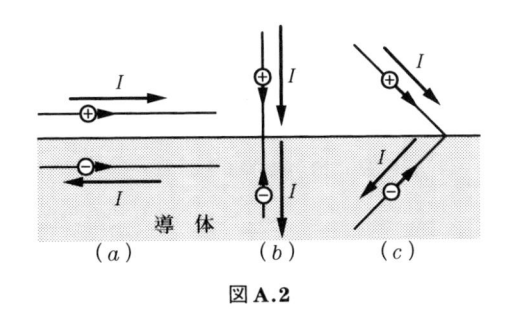

図 A.2

（a） 正電荷が電流と同じ方向へ移動するとき，その電気影像である負電荷も同じ方向へ移動する。したがって，電流は反対方向。
（b） 負電荷の電気影像は正電荷と反対方向へ移動するので，電流の向きは同じ。
（c） 同様に考えると，図のとおりになることがわかる。

【問5.2】 （1） 9.7×10^6 A/m², （2） 0.17 V/m， （3） 5.8×10^7 S/m,
（4） 1.05 mm/s， （5） 6.3×10^{-3} m²/V·s， （6） 1.6×10^6 W/m³,
（7） 4.9 A

【問5.3】 ρJ^2 [W/m³]

【問5.4】 図 A.3 に示すように，点 A から電流 $4I$ が流れ込み，無限遠に流れ去るとき，対称性により4本の抵抗に同じ電流 I が流れる。一方，無限遠から電流が集まり，点 B から電流 $4I$ が流れ出すとき，4本の抵抗に同じ電流 I が流れる。この二つの状態を重ね合わせると，電流 $4I$ を点 A から点 B に流すことに相当する。このとき，AB間には $2I$ の電流が流れるの

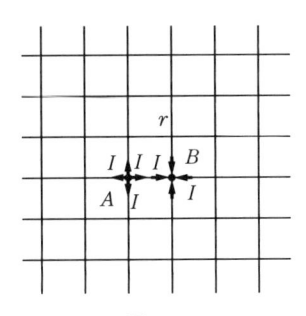

図 A.3

で，AB 間の電圧は $2Ir$ である．したがって，AB 間の抵抗は，$R=2Ir/4I=r/2$ 〔Ω〕である．

【問 5.5】 AB 間の抵抗を R とする．無限に続いているので，図 A.4 のように，さらに r_1, r_2 を接続しても，やはり CD 間の抵抗も R である．したがって，$R=r_1+\dfrac{r_2 R}{r_2+R}$ を R について解くと，$R=\dfrac{r_1+\sqrt{r_1^2+4r_1r_2}}{2}$ 〔Ω〕

図 **A.4**

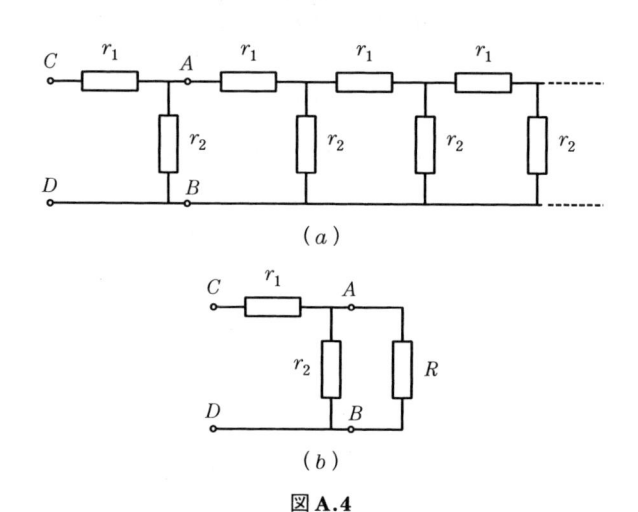

【問 5.6】 （a），（b）の回路に負荷抵抗 Z を接続するとき，Z に流れる電流は，それぞれ $i_a=\dfrac{E}{r+Z}$, $i_b=\dfrac{IR}{R+Z}$．両者を比較すると，$R=r$, $I=E/r$ となる．

【問 5.7】 （a） $E=E_1+E_2$ 〔V〕, $r=r_1+r_2$ 〔Ω〕

（b） $E=\dfrac{E_1 r_2+E_2 r_1}{r_1+r_2}$ 〔V〕, $r=\dfrac{r_1 r_2}{r_1+r_2}$ 〔Ω〕

【問 5.8】 2.88×10^5 C, 8 A

【問 5.9】 $\dfrac{\rho}{4\pi}\left(\dfrac{1}{a}-\dfrac{1}{b}\right)$ 〔Ω〕

【問 6.1】 $\dfrac{m^2}{2\pi\mu_0}\left[\dfrac{1}{d^2}-\dfrac{d}{(d^2+l^2)^{3/2}}\right]$ 〔N〕

演習問題解答

【問 6.2】 $\Delta H = \dfrac{F}{m}$ 〔A/m〕, $k = \dfrac{\Delta H}{l} = \dfrac{F}{ml}$ 〔A/m^2〕

【問 6.3】 （1） $M = T/H$ 〔Wb・m〕, （2） $m = M/l = T/Hl$ 〔Wb〕
（3） $J = M/Sl = T/HSl$ 〔Wb/m^2〕

【問 6.4】 7.5×10^{-2} Wb/m^2, 3.75×10^{-6} Wb, 5.0×10^{-4} H/m, 398,
7.5×10^{-2} T

【問 6.5】 2.57×10^{-29} Wb・m

【問 6.6】 $J = \dfrac{3}{2}\mu_0 H_0$ 〔Wb/m^2〕, 磁界と反対方向,

$H = \dfrac{3}{2}H_0$ 〔A/m〕, $B = 0$ 〔T〕

【問 6.7】 $H_c = 500$ A/m, $B_r = 1$ T, $B_s = 2$ T, $\mu_d = 2.0 \times 10^{-3}$ H/m

【問 7.1】 （1） 影像電流による磁界も考慮する。$\dfrac{I}{2\pi}\left[\dfrac{1}{h-y} + \dfrac{1}{h+y}\right]$〔A/m〕, 西向き

（2） 磁界の西向きの成分だけが残り, 合成した磁界は $\dfrac{Ih}{\pi(x^2+h^2)}$ 〔A/m〕となる。

【問 7.2】 $r < a$ $H = 0$ 〔A/m〕, $a < r < b$ $\dfrac{J(r^2-a^2)}{2r}$ 〔A/m〕,

$r > b$ $\dfrac{J(b^2-a^2)}{2r}$ 〔A/m〕

【問 7.3】 2.25×10^3

【問 7.4】 $\dfrac{NI}{L}$ 〔A/m〕

【問 7.5】 $\Phi = \dfrac{\mathcal{R}_2 N_1 I_1 - \mathcal{R}_1 N_2 I_2}{\mathcal{R}_1 \mathcal{R}_2 + \mathcal{R}_2 \mathcal{R}_3 + \mathcal{R}_3 \mathcal{R}_1}$ 〔Wb〕

ただし, $\mathcal{R}_1 = \dfrac{2a+c}{\mu S}$, $\mathcal{R}_2 = \dfrac{2b+c}{\mu S}$, $\mathcal{R}_3 = \dfrac{c-\delta}{\mu S} + \dfrac{\delta}{\mu_0 S}$ 〔A/Wb〕

【問 7.6】 $NI/2a$ 〔A/m〕

【問 7.7】 図 A.5 において, 磁界の方向は右ねじの法則にしたがい, 対称性から $+x$ と $-x$ の磁界の大きさは同じである。したがって, 磁界の周回積分は $2Hl$ である。$x < t/2$ の場合は, ループの中を流れる電流は $2xlJ$ 〔A〕であるから, 磁界の大きさは $H = \dfrac{2xlJ}{2l} = Jx$ 〔A/m〕。$x > t/2$ の場合は,

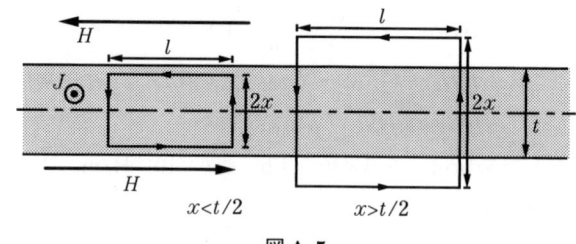

ループの中を流れる電流は tlJ [A] であるから, 磁界の大きさは $H = \dfrac{tlJ}{2l}$

$= \dfrac{Jt}{2}$ [A/m]。

【問7.8】 （1） $\dfrac{NIa^2}{2} \left[\dfrac{1}{[a^2 + (z + \frac{d}{2})^2]^{3/2}} + \dfrac{1}{[a^2 + (z - \frac{d}{2})^2]^{3/2}} \right]$ [A/m]

【問7.9】 図7.20 は，穴のない半径 a の円柱導体に電流密度 J が流れている状態と，半径 b の穴の部分に電流密度 J が反対向きに流れている状態の重ね合わせである。両者の電流による磁界を重ね合わせると，穴の中の磁界はどこでも一定で，$\dfrac{dJ}{2}$ [A/m]，方向は図7.20 において上向きである。

【問7.10】 （1） 電子に働く向心力はクーロン力であるから，$\dfrac{e^2}{4\pi\varepsilon_0 r^2} = \dfrac{mv^2}{r}$ より

$v = 2.19 \times 10^6$ m/s

（2） 1.05×10^{-3} A, 9.92×10^6 A/m

【問7.11】 図A.1 に示すような，幅 $ad\theta$ の帯の部分の電荷は $dq = \sigma \times 2\pi a \sin\theta \times ad\theta$ である。この電荷が毎秒 $\omega/2\pi$ の回転数で回転するので，この電荷による電流は $di = (\omega/2\pi)dq$ である。この電流は円形コイルと同じであるから，di によって球の中心に作られる磁界は

$$dH = \dfrac{(a\sin\theta)^2 di}{2[(a\sin\theta)^2 + (a\cos\theta)^2]^{3/2}} = \dfrac{a\omega\sigma}{2} \sin^3\theta d\theta$$

したがって，球面全体では

$$H = \int_0^\pi \dfrac{a\omega\sigma}{2} \sin^3\theta d\theta = \dfrac{2}{3} a\omega\sigma \quad [\text{A/m}]$$

【問7.12】 $\dfrac{2\sqrt{2} NI}{\pi a}$ [A/m]

【問7.13】 $\dfrac{I}{2a}\left(\dfrac{1}{\pi}+\dfrac{1}{2}\right)$ 〔A/m〕

【問8.1】 $\mu_0 \pi a^2 NnIi \sin\theta$ 〔N·m〕

【問8.2】 （1） 磁極 q による磁界は $H=\dfrac{q}{4\pi\mu_0 r^2}$ 〔A/m〕であるので，電流が受ける力は，$F=\dfrac{qI\Delta s}{4\pi r^2}\sin\theta$ 〔N〕紙面と垂直で手前に向かう方向となる。

（2） 反作用として磁極 q が受ける力は F に等しく，力の向きは反対。したがって，磁極 q の位置に電流が作る磁界は $\Delta H=\dfrac{I\Delta s}{4\pi r^2}\sin\theta$ 〔A/m〕，紙面と垂直で裏側に向かう方向となる。

【問8.3】 フレミングの左手の法則により，v_x による力の大きさは qv_xB で向きは $-y$ 方向であるので，$f_y=-qv_xB$ 〔N〕。同様に $f_x=qv_yB$, $f_z=0$ 〔N〕。

【問8.4】 （1） $v=\dfrac{I}{abnq}$ 〔m/s〕

（2） qvB 〔N〕

（3） $V_H=Ea=vBa=\dfrac{I}{abnq}Ba=\dfrac{1}{nq}\dfrac{IB}{b}$ 〔V〕

したがって，$R_H=\dfrac{1}{nq}$ 〔m³/C〕

（4） $\sigma=\dfrac{c}{ab}\dfrac{I}{V}$ 〔S/m〕

（5） $\mu=\dfrac{\sigma}{nq}=R_H\sigma$ 〔m²/V·s〕

（6） キャリヤの受ける力は電荷の符号に依存しないので，電圧の向きは反対になる。

【問8.5】 らせん運動は，円運動と磁界方向への直線運動の重ね合わせとして考えることができる。速度を磁界と垂直な成分 $v_\perp=v\sin\theta$ と平行な成分 $v_\parallel=v\cos\theta$ に分けると，円運動に関係があるのは $v_\perp$ だけである。この場合，式(8.11)は $\dfrac{mv_\perp^2}{a}=qv_\perp B$ となり，これより $a=\dfrac{mv_\perp}{qB}=\dfrac{mv}{qB}\sin\theta$ 〔m〕。ピッチは円運動の周期 T の間に $v_\parallel$ の速度で進む距離である。

$T=\dfrac{2\pi}{\omega}=2\pi\dfrac{m}{qB}$ であるから，$P=Tv_{/\!/}=2\pi\dfrac{m}{qB}v\cos\theta$ [m]．

【問 8.6】 問 7.11 と同様に，図 A.1 に示す幅 $ad\theta$ の帯の部分の電流は $di=(\omega/2\pi)\sigma 2\pi a^2\sin\theta d\theta=\omega\sigma a^2\sin\theta d\theta$ である．この電流ループの磁気モーメントは $dM=\mu_0\times\pi(a\sin\theta)^2\times di=\mu_0\pi a^4\omega\sigma\sin^3\theta d\theta$．したがって，球面全体では $M=\displaystyle\int_0^\pi \mu_0\pi a^4\omega\sigma\sin^3\theta d\theta=\dfrac{4}{3}\mu_0\pi a^4\omega\sigma$ [Wb·m]．di による磁界は，$dH=\dfrac{a^2(1-\cos^2\theta)}{2a^3}\times di=\dfrac{\omega a}{2}\sigma(1-\cos^2\theta)\sin\theta d\theta$，

$$H=\int_0^\pi \dfrac{\omega a}{2}\sigma(1-\cos^2\theta)\sin\theta d\theta=\dfrac{2}{3}\omega a\sigma \quad [\text{A/m}]$$

【問 8.7】 図 A.6 に示すように，電子は半径 $r=\dfrac{mv}{eB}$ の円弧を描く．弧 QP の長さは $r\phi$ と等しいが，$\phi\ll 1$ のときは，QP≒QP′$=l$ で近似できる．したがって $\phi=\dfrac{l}{r}=\dfrac{leB}{mv}$．

図 A.6

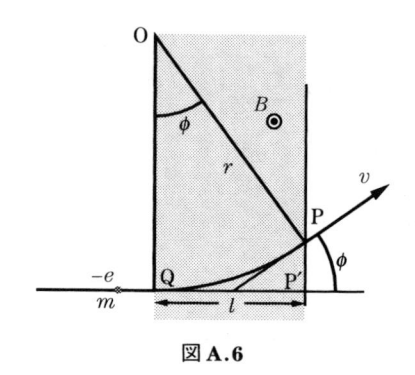

【問 8.8】 $F=IBd=\dfrac{vB^2d^2}{R}$ [N]　$P=Fv=\dfrac{(vBd)^2}{R}=\dfrac{V^2}{R}$ [W]

【問 8.9】 導体棒が 1 秒間に切る磁束の量は，角度 ω の扇形の面積に B を乗じたものになる．したがって，電圧 $V=\dfrac{1}{2}a^2\omega B$ [V]．電位が高いのは導線のほう．

【問 8.10】 $\dfrac{V}{\omega NS}$ [T]

【問 8.11】 $V = N\omega\pi a^2 B$ 〔V〕

【問 8.12】 図 A.7 に示すように，磁石が滑り落ちるとき渦電流が流れ，導体板には斜面に沿って下向きの力が働く。したがって，磁石にはその反作用として上向きの力が働く。導体板の導電率が高いほど渦電流が大きく，磁石に働く力も大きくなるので，滑り落ちる速度は小さくなる。

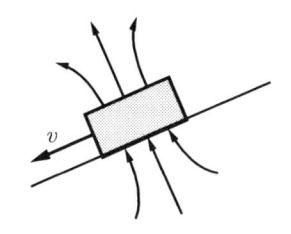

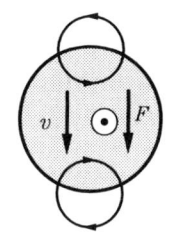

図 A.7

【問 8.13】 （1） $v = \omega abB \cos \omega t$ 〔V〕。レンツの法則により，コイルには反時計回りの電流が流れる。コイルの端子を抵抗で短絡するとき，この向きに電流が流れると，**左側の端子**がプラスになる。

（2） 抵抗に流れる電流は $i = \omega abB \cos \omega t / R$ であるからトルクは，$T = iBa \times b \cos \omega t = \omega(abB \cos \omega t)^2 / R$ 〔N·m〕。消費電力は $iv = (\omega abB \cos \omega t)^2 / R$ 〔W〕である。これは ωT に等しい。

【問 9.2】 電流 I 〔A〕を流すとき，平均磁路長を $\pi(a+b)$ 〔m〕とすると，磁束は $\varPhi = \dfrac{\mu(b-a)cNI}{\pi(a+b)}$ 〔Wb〕であるので，自己インダクタンスは $L = \dfrac{\mu(b-a)cN^2}{\pi(a+b)}$ 〔H〕。磁性体の中で磁界が一様と見なせない場合は，$\varPhi = \int_a^b \dfrac{\mu NIc}{2\pi r} dr = \dfrac{\mu NIc}{2\pi} \ln \dfrac{b}{a}$ 〔Wb〕となるので，$L = \dfrac{\mu N^2 c}{2\pi} \ln \dfrac{b}{a}$ 〔H〕。

【問 9.3】 直線の導線に電流 I 〔A〕を流すとき，平均磁路長を $\pi(a+b)$ 〔m〕とすると，磁束は $\varPhi = \dfrac{\mu(b-a)cI}{\pi(a+b)}$ 〔Wb〕であるので，相互インダクタンスは $M = \dfrac{\mu(b-a)cN}{\pi(a+b)}$ 〔H〕。磁性体の中で磁界が一様と見なせない場合は，$\varPhi =$

$\int_a^b \dfrac{\mu Ic}{2\pi r} dr = \dfrac{\mu Ic}{2\pi} \ln \dfrac{b}{a}$ [Wb] となるので, $M = \dfrac{\mu Nc}{2\pi} \ln \dfrac{b}{a}$ [H]。

【問 9.4】 相互インダクタンス $\dfrac{p}{100} \dfrac{N_1 N_2 \mu S}{l}$ [H], 結合係数 $\dfrac{p}{100}$。

【問 9.5】 $\mu_0 \pi b^2 nN \cos \theta$ [H]

【問 9.6】 $\dfrac{L \pm M}{2}$ [H]。± は和動結合と差動結合である。

【問 9.7】 2個のコイルの自己インダクタンスを L_1, L_2 とすると, $L_+ = L_1 + L_2 + 2M$, $L_- = L_1 + L_2 - 2M$。したがって,

$$M = \dfrac{L_+ - L_-}{4} \ [\text{H}], \quad k = \dfrac{M}{\sqrt{L_1 L_2}}$$

【問 9.8】 $\dfrac{1}{2} L_1 i_1^2 + \dfrac{1}{2} L_2 i_2^2 \pm M i_1 i_2$ [J]

【問 9.9】 $W = \int_a^b \dfrac{\mu}{2} \left(\dfrac{NI}{2\pi r}\right)^2 2\pi c r dr = \dfrac{\mu (NI)^2 c}{4\pi} \ln \dfrac{b}{a}$ [J]

【問 9.10】 地面の下の影像電流を考える。ただし、地面の下には磁束は存在しない。

$$\Phi = \int_0^{h-a} \dfrac{\mu_0 I}{2\pi} \left[\dfrac{1}{h-y} + \dfrac{1}{h+y}\right] dy = \dfrac{\mu_0 I}{2\pi} \ln \dfrac{2h-a}{a},$$

$$L = \dfrac{\mu_0}{2\pi} \ln \dfrac{2h-a}{a} \quad [\text{H/m}]$$

【問 9.11】 $4\pi f B_s H_c (b^2 - a^2) c$ [W]

【問 9.12】 $\dfrac{\Phi^2}{\mu_0 S}$ [N]

【問 9.13】 $\dfrac{1}{2} \mu_0 n I^2$ [N/m], 外向き。

【問 10.1】 伝導電流密度 (ヘリウム原子核による電流) $\dfrac{ne}{2\pi r^2}$ [A/m^2], 球の電荷は毎秒 $-2ne$ の割合で減少するので, 変位電流密度は

$$\dfrac{dD}{dt} = \dfrac{d}{dt} \dfrac{Q}{4\pi r^2} = \dfrac{-2ne}{4\pi r^2} = \dfrac{-ne}{2\pi r^2} \ [\text{A/m}^2]。$$

【問 10.2】 (1) 影像電荷を考慮すると, 式(2.43)より電束密度, そして変位電流密度は

$$D = \dfrac{qz}{2\pi (x^2 + z^2)^{3/2}}, \quad J = \dfrac{dD}{dt} = \dfrac{qv(2z^2 - x^2)}{2\pi (x^2 + z^2)^{5/2}} \ [\text{A/m}^2]$$

(2) $I=\int_0^\infty J2\pi x dx=0$ 〔A〕

【問10.3】 式(10.12)を本問に適用すると，コイルと鎖交する磁束は $\Phi=\dfrac{m}{2}\left(1-\dfrac{z}{\sqrt{a^2+z^2}}\right)$。したがって，起電力は $V=N\dfrac{d\Phi}{dt}=\dfrac{Nma^2}{2(a^2+z^2)^{3/2}}v$ 〔V〕。

【問10.4】 $V=\int_b^a -\dfrac{D}{\varepsilon}dr$ より，中心軸から r の距離の電束密度は $D=\dfrac{\varepsilon V_m}{r\ln(b/a)}\sin\omega t$。したがって，1m当りの電流は $I=2\pi r\dfrac{dD}{dt}=\dfrac{2\pi\omega\varepsilon V_m}{\ln(b/a)}\cos\omega t$ 〔A/m〕。

【問10.5】 $r<R$ のとき，$J_x=J_y=0$, $J_z=2A$ 〔A/m^2〕，$r>R$ のとき，$J_x=J_y=J_z=0$ 〔A/m^2〕。

【問10.6】 $E_1+E_2=2A\cos\dfrac{(\omega_1-\omega_2)t-(k_1-k_2)z}{2}\sin\dfrac{(\omega_1+\omega_2)t-(k_1+k_2)z}{2}$
$=2A\cos\dfrac{(\Delta\omega)t-(\Delta k)z}{2}\sin\dfrac{(\omega_1+\omega_2)t-(k_1+k_2)z}{2}$

$\omega_1\cong\omega_2$ であるなら sin の部分は E_1, E_2 とほぼ同じ周波数の波を表し，cos の部分が包絡線を表す。したがって，包絡線の伝搬速度は $\Delta\omega/\Delta k$ となる。

【問10.7】 中心軸から r の距離の位置の磁界は $H=\dfrac{I}{2\pi r}$ 〔A/m〕，電界は $E=\dfrac{V}{r\ln\dfrac{b}{a}}$ 〔V/m〕，したがって，ポインティングベクトルは $S=\dfrac{IV}{2\pi r^2\ln\dfrac{b}{a}}$ 〔W/m^2〕。1秒間に通過するエネルギーは $P=\int_a^b\dfrac{IV}{2\pi r^2\ln\dfrac{b}{a}}2\pi r dr=IV$ 〔W〕。

【問10.8】 ポインティングベクトルは $S=EH=\sqrt{\dfrac{\varepsilon_0}{\mu_0}}E^2$。したがって，半径 r の球面を1秒間に通過する電力は $P=4\pi r^2 S=4\pi r^2\sqrt{\dfrac{\varepsilon_0}{\mu_0}}E^2$ 〔W〕となる。

【問10.9】 $\dfrac{c}{\sqrt{\varepsilon_r}}=\dfrac{1}{\sqrt{\varepsilon_0\varepsilon_r\mu_0}}$ 〔m/s〕

索引

あ
圧電気効果	189
アポロニウスの円	28
アンペア	81
——の周回積分の法則	114

い
位相速度	181
移動度	90

う
ウェーバ	98
渦電流	142
渦電流損	143

え
影像電荷	26
影像力	28

お
オーム	83
——の法則	83
温度係数	91

か
回転	176
ガウスの線束定理	40
ガウスの定理	11
重ねの理	6
仮想変位法	74, 159
環状ソレノイド	115

き
起磁力	124
起電力	86
逆起電力	86
キャパシタ	50
キャリヤ	89
強磁性体	104

く
クーロン	2
——の法則	3
屈折率	180

け
結合係数	153
減磁率	107

こ
勾配	34
固有インピーダンス	182
コンダクタンス	83
コンデンサ	50

さ
サイクロトロン角周波数	137
鎖交	116
差動結合	155
残留磁束密度	108

し
ジーメンス	83
磁化	102, 103
磁荷	97
磁界	98
磁化曲線	108
磁化率	104
磁気回路	123
磁気双極子	101
磁気抵抗	123
磁気モーメント	101, 133
磁極	97
自己インダクタンス	150
自己減磁	107
自己減磁力	107
自己誘導	150
磁性体	102
磁束	105
磁束鎖交数	139
磁束密度	105
周回積分	36
充電	50
自由電荷	21
ジュール熱	85
ジュールの法則	85
常磁性体	104
焦電気	189
磁力線	99
磁路	123
真空の誘電率	3, 63
真電荷	66

す
ステラジアン	172
ストークスの定理	177

索引 211

せ

静磁エネルギー	157
静電エネルギー	73
静電しゃへい	25
静電誘導	22
静電容量	49
ゼーベック効果	188
接触電位差	187
線積分	36

そ

相互インダクタンス	152
相互誘導	151
相反性	152

た

帯電	1

て

抵抗率	88
テスラ	105
電圧	18
電圧降下	86
電位係数	57
電位差	18
電荷	1
電界	5
電荷密度	13
電気影像法	26
電気双極子	34, 63
電気双極子モーメント	36, 63
電気抵抗	83
電気伝導度	88
電気力線	9
電子走行時間	31
電磁波	179
電子ボルト	46
電磁誘導	137
電磁力	136

電束	67
電束密度	67
伝導電流	169
電流	81
電流密度	89
電力	86
電力量	86

と

透磁率	98, 105
導体	21
導電率	88
特性インピーダンス	182
トムソン効果	189

な

長岡係数	161
ナブラ	34

ね

熱起電力	188
熱電対	188

は

発散	39
波動方程式	179
反磁界	107
反磁界係数	107
反磁性体	104

ひ

ビオ・サバールの法則	119, 146
比磁化率	104
非磁性体	104
ヒステリシス	108
ヒステリシス損	142, 159
比透磁率	106
微分透磁率	108
比誘電率	62
表皮効果	145

ふ

ファラデーの電磁誘導の法則	139
ファラド	49
フレミングの左手の法則	131
分極	64
分極電荷	64, 66

へ

ペルチエ効果	188
ヘルムホルツ・コイル	129
変位電流	169
ヘンリー	150

ほ

ポインティングベクトル	183
放電	50
飽和	108
ホール効果	146
保磁力	108
ボルト	18

ま

マイナーループ	109

む

無限長ソレノイド	117

め

メジャーループ	109
面積ベクトル	176

ゆ

誘電体	62
誘電率	63
誘導係数	58

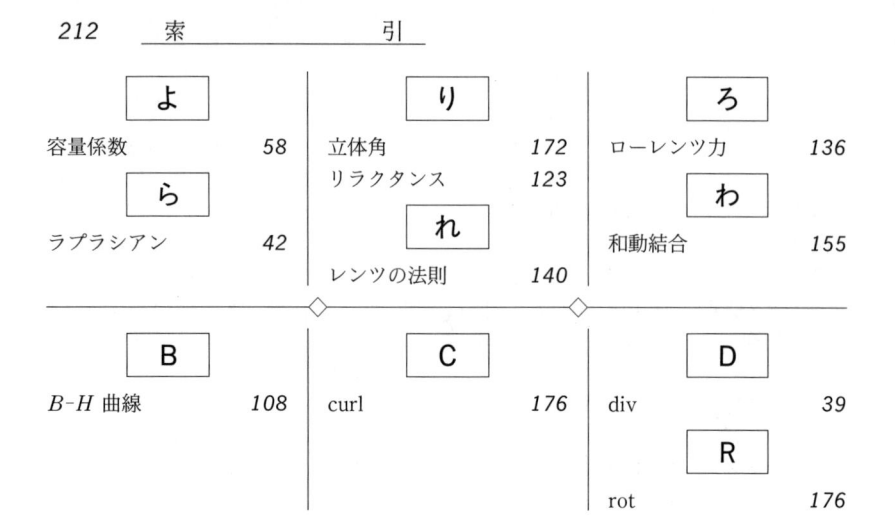

よ

容量係数　58

ら

ラプラシアン　42

り

立体角　172
リラクタンス　123

れ

レンツの法則　140

ろ

ローレンツ力　136

わ

和動結合　155

B

B-H 曲線　108

C

curl　176

D

div　39

R

rot　176

―― 著者略歴 ――
1972年　北海道大学工学部電子工学科卒業
1974年　北海道大学大学院修士課程修了(電子工学専攻)
1981年　函館工業高等専門学校助教授
1990年　工学博士(北海道大学)
1992年　函館工業高等専門学校教授
2013年　函館工業高等専門学校名誉教授

電気磁気学
Electricity and Magnetism　　　　　　　　　　　　　　　© Yoshihiro Ishii 2000

2000年 9 月28日　初版第 1 刷発行
2019年 1 月10日　初版第18刷発行

検印省略		
	著　者　石　井　良　博	
	発行者　株式会社　コ ロ ナ 社	
	代表者　牛来真也	
	印刷所　三美印刷株式会社	
	製本所　有限会社　愛千製本所	

112–0011　東京都文京区千石 4–46–10
発行所　株式会社　コ ロ ナ 社
CORONA PUBLISHING CO., LTD.
Tokyo Japan
振替 00140–8–14844・電話(03)3941–3131(代)
ホームページ　http://www.coronasha.co.jp

ISBN 978–4–339–00725–1　C3054　Printed in Japan　　　　　(牛来真)

<JCOPY> ＜出版者著作権管理機構 委託出版物＞
本書の無断複製は著作権法上での例外を除き禁じられています。複製される場合は，そのつど事前に，
出版者著作権管理機構（電話 03-5244-5088, FAX 03-5244-5089, e-mail: info@jcopy.or.jp）の許諾を
得てください。

本書のコピー，スキャン，デジタル化等の無断複製・転載は著作権法上での例外を除き禁じられています。
購入者以外の第三者による本書の電子データ化及び電子書籍化は，いかなる場合も認めていません。
落丁・乱丁はお取替えいたします。

電気・電子系教科書シリーズ

(各巻A5判)

- ■編集委員長　高橋　寛
- ■幹　　　事　湯田幸八
- ■編集委員　江間　敏・竹下鉄夫・多田泰芳
  　　　　　　中澤達夫・西山明彦

配本順		著者	頁	本体
1. (16回)	電気基礎	柴田尚志・皆田新二 共著	252	3000円
2. (14回)	電磁気学	多田泰芳・柴田尚志 共著	304	3600円
3. (21回)	電気回路Ⅰ	柴田尚志 著	248	3000円
4. (3回)	電気回路Ⅱ	遠藤　勲・鈴木靖純・吉澤昌純・降矢典雄・福吉恵拓己・高村和之 編著 共著	208	2600円
5. (27回)	電気・電子計測工学	西﨑明彦 共著	222	2800円
6. (8回)	制御工学	下西二鎮・奥平正立 共著	216	2600円
7. (18回)	ディジタル制御	青木俊幸 共著	202	2500円
8. (25回)	ロボット工学	白水俊次 著	240	3000円
9. (1回)	電子工学基礎	中澤達夫・藤原勝幸 共著	174	2200円
10. (6回)	半導体工学	渡辺英夫 著	160	2000円
11. (15回)	電気・電子材料	中澤・服部・押山・藤原 共著	208	2500円
12. (13回)	電子回路	須田健二・土田英二 共著	238	2800円
13. (2回)	ディジタル回路	伊若吉博・室海澤純・山賀巖 共著	240	2800円
14. (11回)	情報リテラシー入門		176	2200円
15. (19回)	C++プログラミング入門	湯田幸八 著	256	2800円
16. (22回)	マイクロコンピュータ制御プログラミング入門	柚賀正光・千代谷慶 共著	244	3000円
17. (17回)	計算機システム(改訂版)	春日幸雄・舘泉健八・伊充治・博 共著	240	2800円
18. (10回)	アルゴリズムとデータ構造	湯田伊原邦弘・前谷勉 共著	252	3000円
19. (7回)	電気機器工学	新間橋敏・江高斐敏勲 共著	222	2700円
20. (9回)	パワーエレクトロニクス		202	2500円
21. (28回)	電力工学(改訂版)	江甲三木川隆成彦・吉竹英機 共著	296	3000円
22. (5回)	情報理論		216	2600円
23. (26回)	通信工学	吉下川田英鉄豊夫稔 共著	198	2500円
24. (24回)	電波工学	松宮南部克久幸・正史 共著	238	2800円
25. (23回)	情報通信システム(改訂版)	岡桑原月裕夫唯史 共著	206	2500円
26. (20回)	高電圧工学	植松孝充箕志 共著	216	2800円

定価は本体価格＋税です。
定価は変更されることがありますのでご了承下さい。

◆図書目録進呈◆